U0345050

凤凰汉竹

汉竹 · 亲亲乐读系列

孩子爱吃的三餐

刘长伟 编著

汉竹图书微博
http://weibo.com/hanzhutushu

江苏凤凰科学技术出版社
全国百佳图书出版单位

导读

从孩子初尝辅食到6岁入学，大量的育儿问题不断地给新手爸妈带来困扰。作为实力“女儿奴”的儿童营养师刘长伟，也在经历相同的情景。

之前一直用理论帮助新手爸妈答疑解惑的刘医师，经历过育儿烦恼后，明白了理论结合实践才是让孩子健康成长的关键。所以，现在他写出的文字，更能贴合新手爸妈在育儿过程中的需求。

从添加辅食到真正独立吃饭，从一日三餐的选配到日常小零食，“实战派”刘医师写出的文字往往能够直击家长育儿的核心困惑，巧妙打开孩子的食欲大门，精挑细选出的每道菜不仅营养均衡、丰富，还很美味。

在给女儿制定每日配餐计划的同时，刘医师希望将自己掌握的营养学知识与育儿实战经验分享给更多新手爸妈：从辅食到营养餐要怎么过渡？食材怎样搭配，孩子才能长高个？每日三餐，该怎么保证营养均衡？当你有疑惑的时候，打开这本书，或许就能豁然开朗，就像儿童营养师在身边，安心又方便。

从孩子接触辅食到入学就餐，再也不为吃饭发愁！

目录

补对营养素，成长更轻松

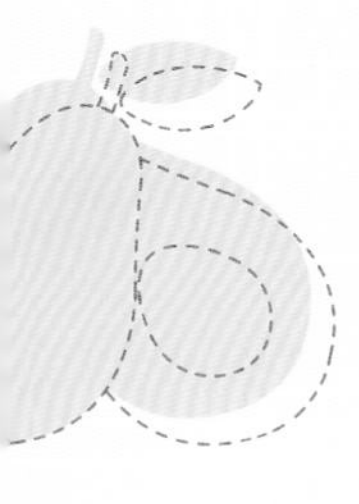

1岁以前：从喝奶到爱上吃饭

合理添加辅食，成长快人一步

6个月 泥泥糊糊，初探食物味道

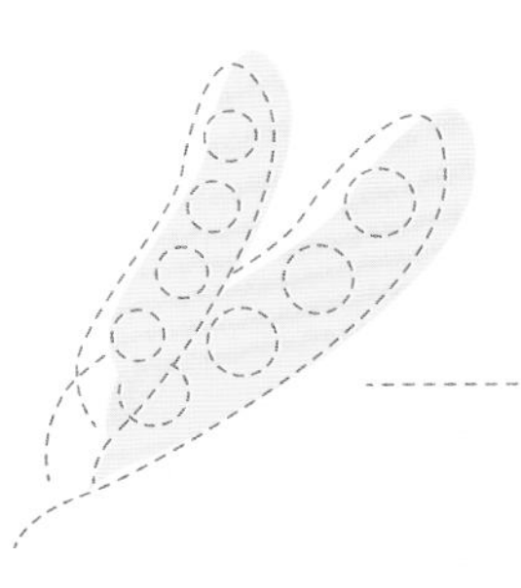

7~9个月 混合辅食，荤素均衡

10~12个月 锻炼咀嚼力

1~2 岁：吃口“大人饭”

超实用的喂养知识

蛋包饭

主食不单调，孩子才爱吃

杂粮水果饭团

有菜有肉，长高不愁

营养汤羹，敲开食欲大门

1~2岁
营养三餐推荐

套餐一

/ 92

早餐	加餐	午餐	加餐	晚餐
小花卷	奶200毫升	大米小米饭	奶200毫升	番茄鸡蛋面
青菜瘦肉粥	猕猴桃3片	土豆炒鸡肉		橙子2片
		蘑菇番茄汤		

套餐二

/ 94

早餐	加餐	午餐	加餐	晚餐
萝卜丝肉包	奶200毫升	扬州炒饭	奶200毫升	猪肉虾仁馄饨
绿豆南瓜粥	苹果1/2个	虾仁豆腐羹		香蕉1/2根
		三文鱼蒸蛋		

套餐三

/ 96

早餐	加餐	午餐	加餐	晚餐
西葫芦饼	奶200毫升	大米燕麦饭	奶200毫升	鱼香肉丝
豆腐脑	火龙果3片	素三丝		枸杞鸡蛋羹
		青菜鱼丸汤		枣莲三宝粥

3~6岁：该学会独立用餐啦

科学饮食很重要

什锦燕麦片

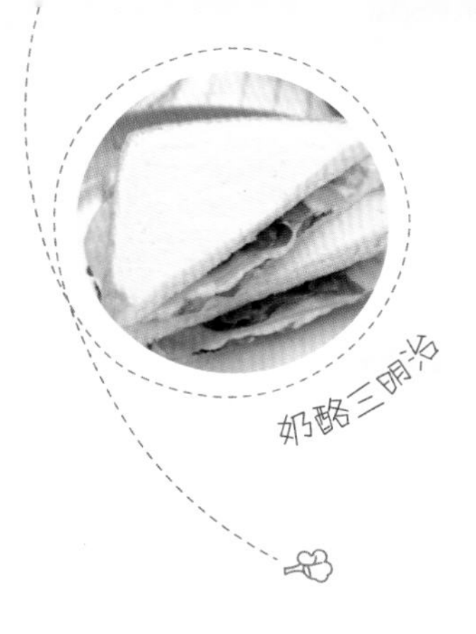

活力早餐，唤醒一天的好精神

能量午餐，为长高长壮添动力

健康晚餐，简单营养胃口好

美味加餐，好吃又健康

3~6岁
营养三餐推荐

套餐一 / 138

早餐	加餐	午餐	加餐	晚餐
芝麻酱葱花卷	牛奶200毫升	红豆黑米饭	酸奶100毫升	法式薄饼
西芹炒百合	核桃2个	彩椒牛肉粒		西蓝花烧双菇
葡萄4颗		红烧茄子		肉炒茄丝
		南瓜鸡蛋汤		番茄青菜汤

套餐二 / 140

早餐	加餐	午餐	加餐	晚餐
苹果鸡肉粥	牛奶200毫升	鸡蛋肉蔬炒饭	酸奶100毫升	绿豆粥
	香蕉1个	茄汁虾丸		土豆烧鸡块
		香菇青菜		蒜泥炒生菜
				黄桃1个

套餐三 / 142

早餐	加餐	午餐	加餐	晚餐
土豆西蓝花饼	牛奶200毫升	菠萝饭	酸奶100毫升	炸酱面
牛奶核桃粥	猕猴桃1个	红烧藕圆		凉拌豆角
		杏鲍菇炒西蓝花		面汤1碗
		胡萝卜炖牛肉		西瓜2片

第五章

孩子的四季营养餐桌

春季

夏季

奶香瓜球

秋季

冬季

四季花样餐桌

套餐一 / 186

早餐	加餐	午餐	加餐	晚餐
三丁包	牛奶200毫升	什锦烩饭	酸奶100毫升	番茄牛腩面
二米粥	橙子1个	香菇鸡煲	核桃2个	面汤1碗
		菌菇汤		桃子1个
		圣女果5个		

套餐二 / 188

早餐	加餐	午餐	加餐	晚餐
鲜肉馄饨	牛奶200毫升	鸡丝拌面	胡萝卜橙汁	红枣红薯饭
芝麻酱拌生菜	苹果1个	土豆炖牛肉		四季豆烧肉
		双味毛豆		白萝卜泡菜
		葡萄5颗		豆腐青菜羹

套餐三 / 190

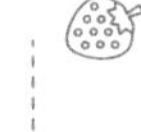

早餐	加餐	午餐	加餐	晚餐
鱼泥馄饨	牛奶200毫升	糙米小米饭	香蕉酸奶昔	杂粮饭
手撕包菜	苹果1个	宫保鸡丁		鲈鱼炖豆腐
		香菇鹌鹑蛋汤		木耳炒扁豆
		香瓜2片		菠菜蛋花汤

套餐四 / 192

早餐	加餐	午餐	加餐	晚餐
青菜豆腐包	橙子1个	照烧鸡腿饭团	酸奶100毫升	虾仁韭菜水饺
牛奶鸡蛋羹		芹菜炒豆干		时蔬汤
		萝卜丝虾丸汤		
		哈密瓜2片		

第六章

日常调理食谱

补锌

补铁

补钙

补碘

补硒

维护好视力

便秘

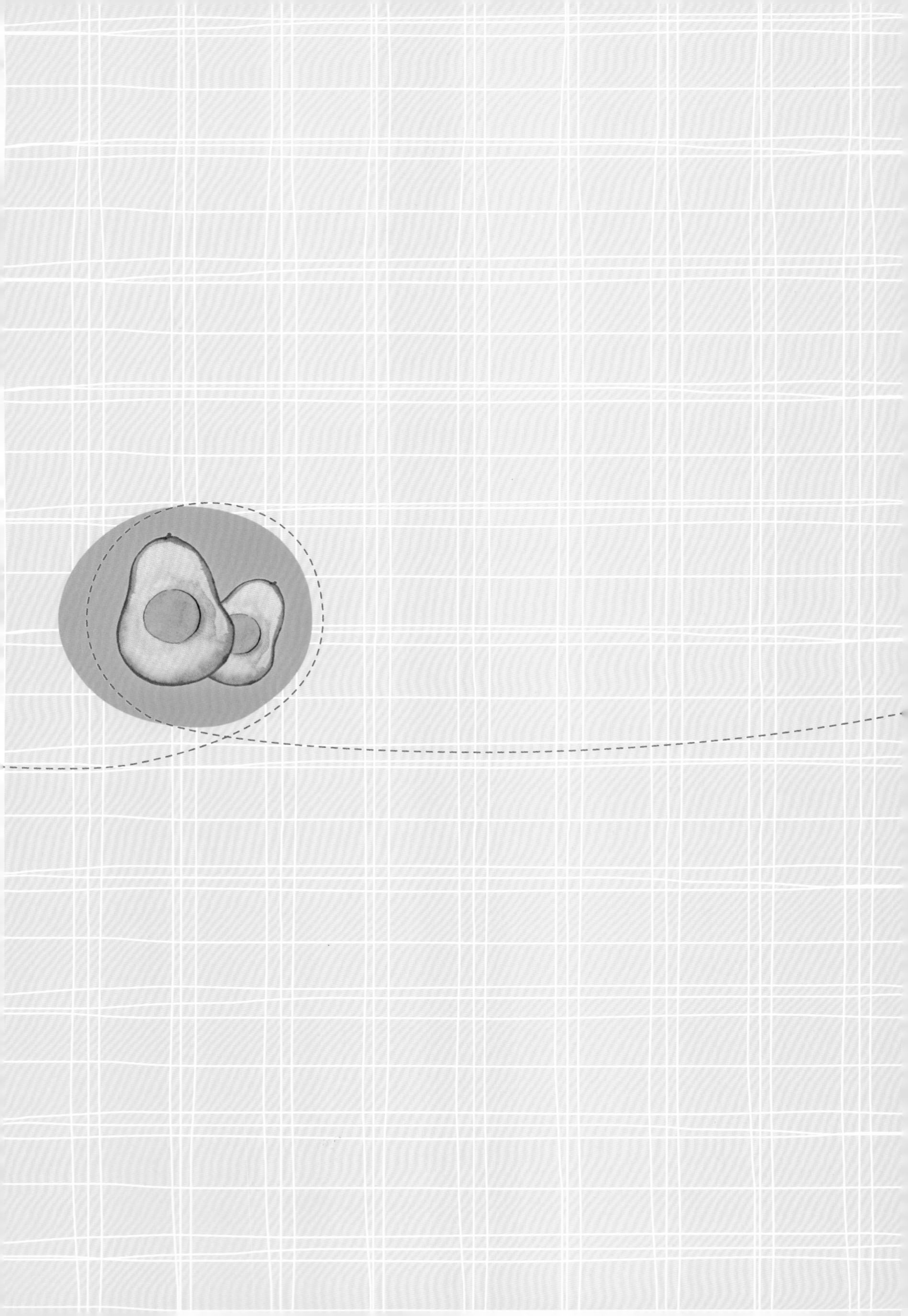

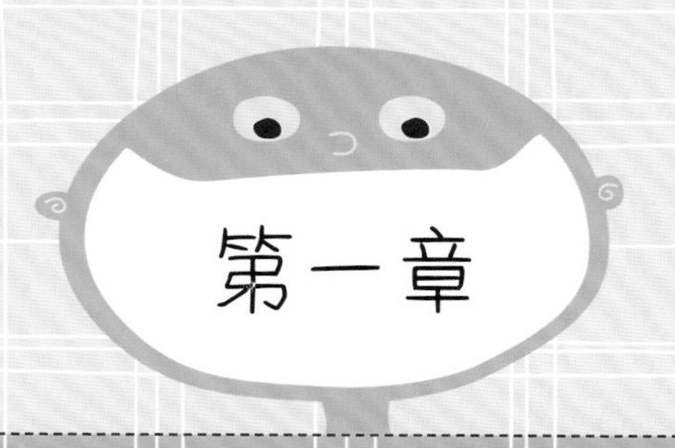

第一章

补对营养素，成长更轻松

蛋白质，孩子生长的法宝

0~6岁是儿童快速生长发育阶段，充足的蛋白质供给可为其生长发育提供物质基础，有利于维持机体生理功能调节，促进免疫系统的成熟，增强对疾病的抵抗能力。

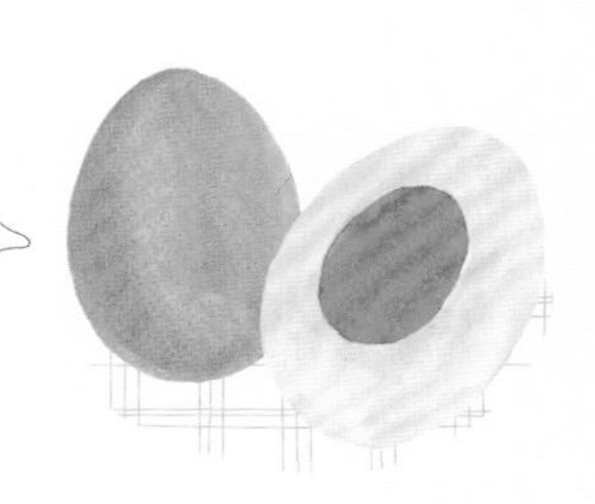

• 每日需求量

对于7~12月龄的宝宝，每日蛋白质的适宜摄入量在20克左右。每日600~800毫升母乳或配方奶，加上25~50克猪瘦肉或1个鸡蛋，或25~50克鱼虾，加上25~50克谷类食物，少量豆腐，就能满足孩子对蛋白质的需求。

对于13~24月龄的宝宝，要确保每日25克的蛋白质摄入量。在每日500毫升牛奶的基础上，妈妈可以搭配1个鸡蛋、50~75克猪肉或50~75克鱼虾和50~100克谷物。

2岁以上的儿童对蛋白质的需求量还会继续增加到30~35克，保持每日350~500毫升牛奶、1个鸡蛋、100克鱼肉或100克猪肉、少量豆腐，以及75~150克主食谷类，即可满足所需。

0~6岁孩子蛋白质参考摄入量（克/天）

年龄	推荐摄入量（RNI）
0~0.5岁	9（AI）
0.5~1岁	20
1~2岁	25
3~5岁	30
6岁	35

注：AI代表适宜摄入量

• 动、植物蛋白都要吃

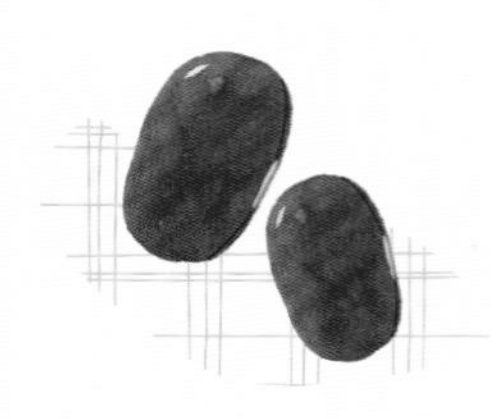

动物蛋白常常与动物脂肪相伴，比如猪肉、羊肉、牛肉等高蛋白的红肉类中都含有大量的饱和脂肪。因此，妈妈在为2岁以上孩子补充蛋白质时，可以多选择脂肪含量较低的瘦肉或里脊肉，避免儿童肥胖的发生。

大豆蛋白是日常食物来源中较为优质的蛋白质，与豆类、谷类食物所含的植物蛋白具有很好的互补作用，能提高蛋白质的利用率。6月龄以后的宝宝就可以尝试豆腐，妈妈可以做肉末烧豆腐、豆腐汤等食物伴着谷类主食一起食用。

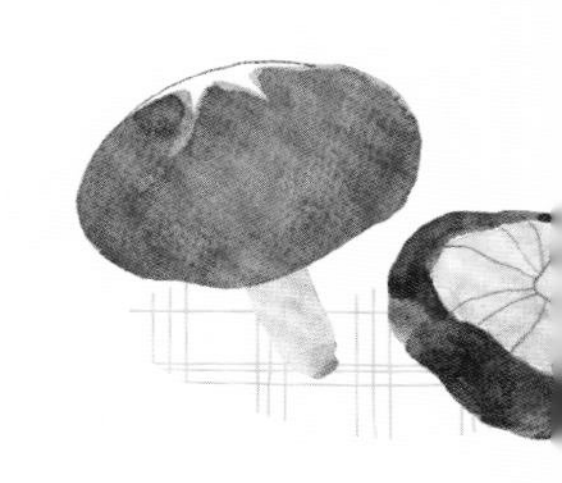

• 蛋白质的摄入要均衡

蛋白质作为三大营养素之一，对人体具有非常重要的作用，蛋白质缺乏会对孩子发育、免疫力等方面有影响。因此，在孩子饮食中要注意蛋白质的摄入，尤其注意对优质蛋白食物的适量摄入。

但也不能摄入过多的肉类，否则会造成能量过剩，导致孩子肥胖，并会增加肾脏的排泄负担。在植物来源的食物中，豆腐、豆腐干等豆制品也是蛋白质不错的来源。

• 直面育儿热点

1 孩子不喜欢吃猪肉，该怎么补充蛋白质？

孩子不吃猪肉，可以在营养餐中给孩子准备牛肉、蛋类、鱼、虾、海鲜贝类、豆制品等富含优质蛋白的食物。有时候孩子不喜欢吃肉，主要是因为肉做得不够烂，容易塞牙，可以试试把肉做成肉圆或水饺之类的。

2 为过敏体质的孩子首次添加蛋黄时，能否回避过敏反应？

过敏体质的孩子初次添加蛋黄时可能会过敏，先给孩子少量尝试蛋黄，观察3天，如果确实过敏，应回避3个月以上再尝试。

3 饮食中有时一餐中会缺乏优质蛋白，对孩子成长影响大吗？

饮食还是需要一定量的优质蛋白，这样有利于提高谷类食物蛋白质的利用率，一顿不吃对孩子的成长影响不大，但最好三餐饮食都含有一定的优质蛋白质，而不能一餐吃得过荤，一餐吃得过素。

碳水化合物，能量的中流砥柱

碳水化合物俗称糖类，是机体主要能量营养素之一，宝宝从出生吃奶那一刻开始，就要摄入碳水化合物了，母乳中的乳糖就是碳水化合物的一员。碳水化合物除了能够提供能量之外，还具有一定的解毒作用。

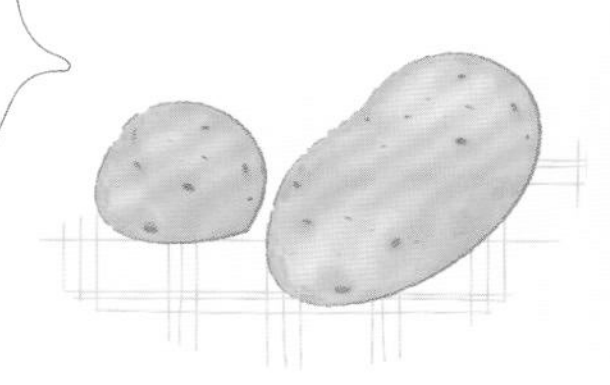

• 每日需求量

7~12月龄的宝宝，每日应摄入谷类20~50克，13~24月龄的宝宝每日应摄入谷类50~100克，2~3岁的孩子每日应摄入谷类75~100克，4~5岁的孩子每日应摄入谷类100~150克。

注：这些参考重量是指生重，食物的可食部分。

• 控制孩子摄入纯糖

日常饮食中的碳水化合物分为单糖（如葡萄糖和果糖）、双糖（如蔗糖、乳糖、麦芽糖）、寡糖（如麦芽糊精）、多糖（如淀粉、膳食纤维、果胶）。

我们通常说的糖，主要是指葡萄糖、蔗糖、果糖、麦芽糖等纯糖。大量摄入这些糖类，容易导致儿童龋齿与肥胖的发生，因此需要控制孩子纯糖的摄入，1岁以内的宝宝最好不食用纯糖的食物。

淀粉属于多糖，在体内酶的作用下可以水解成葡萄糖，广泛分布于谷类、豆类和薯类食物中。大米、小麦、玉米、绿豆、土豆、红薯等，是我们日常饮食中碳水化合物的主要来源。

• 直面育儿热点

什么样的食物含丰富的碳水化合物且比较健康？

富含淀粉类的食物包括谷类、杂豆类、薯类，比较健康的谷类食物包括全谷类，如全麦馒头、全麦面包、全麦面条。对于2岁以上的孩子，在主食中应有1/3以上的全谷类或杂豆类。

膳食纤维，给肠道洗个澡

膳食纤维属于多糖类，是存在于食物中各类纤维素的统称，与健康密切相关。膳食纤维可以增强肠道蠕动，预防便秘；增加饱腹感从而达到控制体重和减肥的效果；降低血糖和血胆固醇，预防结直肠癌。

• 每日需求量

从宝宝添加辅食就可以尝试一些全谷类食物，包括婴儿燕麦片、糙米粉、全麦面条等。2岁以后就可以适量增加全谷类食物的种类和量。

根据中国营养学会的建议，成人每日应摄入25~30克膳食纤维。儿童可以按照公式（年龄+5~10克）简单估算，例如3岁的儿童每日应摄入膳食纤维8~13克。

• 膳食纤维摄入要全面

膳食纤维分为可溶性膳食纤维和不溶性膳食纤维。可溶性膳食纤维可以溶解在水里，吸水膨胀，被肠道微生物利用，存在于水果和蔬菜中，如苹果、柑橘中的果胶等。不溶性膳食纤维包括纤维素、半纤维素等，不容易被肠道微生物酵解，存在于蔬菜、杂粮、全麦谷类等之中。因此，在日常生活中应注意培养孩子进食全谷类、蔬菜、水果的习惯。

如果主食过于精细，蔬菜水果的摄入量不足，膳食纤维摄入量就会不够。但如果摄入过多的膳食纤维，可能会影响微量元素的吸收，还会出现胃肠不适的情况。

富含膳食纤维的常见食物（克/100克）

食物名称	总膳食纤维	可溶性膳食纤维
黄豆	22.5	12.2
大麦粉	14.4	6.2
玉米面	7.9	1.6
苋菜	4.5	2.2
菠菜	3.0	1.6

脂类，提供能量的小助手

脂类包括脂肪和类脂，脂肪是甘油三酯，类脂包括磷脂、糖脂、固醇类。脂肪能够提供能量，促进脂溶性维生素的吸收，维持体温，增加饱腹感。

脂肪酸是脂肪的主要组成部分。人体不能合成，必需从外界食物中获取的脂肪酸被称为必需脂肪酸，包括亚油酸、α－亚麻酸。人体可以利用α－亚麻酸合成DHA，但如果能从食物中直接获取DHA，效果会更好。

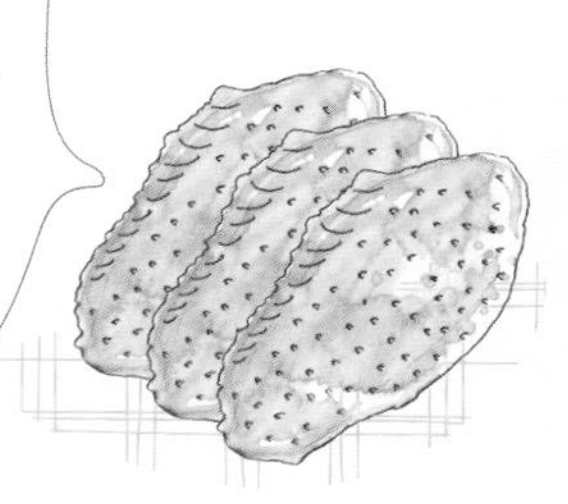

• 每日需求量

6月龄以内的宝宝可以通过母乳或配方奶获得充足的脂肪，从添加辅食开始，就可以给宝宝安排植物油了：7~12月龄每日安排5~10克油；13~24月龄每日安排5~15克油；2~3岁每日安排10~20克油；4~5岁每日安排20~25克油。

常见食用油中的多不饱和脂肪酸种类

食用油	多不饱和脂肪酸
亚麻籽油、核桃油	亚油酸、α-亚麻酸
玉米油、葵花籽油、花生油、橄榄油、茶籽油	亚油酸
鱼油	DHA、EPA

• 优先选择植物油

对于儿童，需要摄入充足的脂肪来满足身体发育需要，年龄越小的儿童，饮食中脂肪提供的热量所占比例也就越高。植物油还能够为孩子提供维生素E，而动物油中维生素E含量不高。对于已经肥胖的孩子，应减少油脂过多的摄入。

• 肥胖，可能与脂肪摄入过多有关

当孩子出现逐渐变胖的趋势时，可能是由于孩子饮食中红肉类与家禽肉的占比过多，导致动物性脂肪的摄入过多。此时，妈妈要及时增加富含多不饱和脂肪酸的鱼类与坚果类食物，以减少肉禽类的摄入。

• 坚果富含好的脂肪，但部分孩子会过敏

坚果的营养通常比较丰富，富含多不饱和脂肪酸，例如核桃，同时富含亚油酸和 α－亚麻酸，但坚果也属于容易过敏的食物，部分过敏体质的孩子对坚果可能过敏。

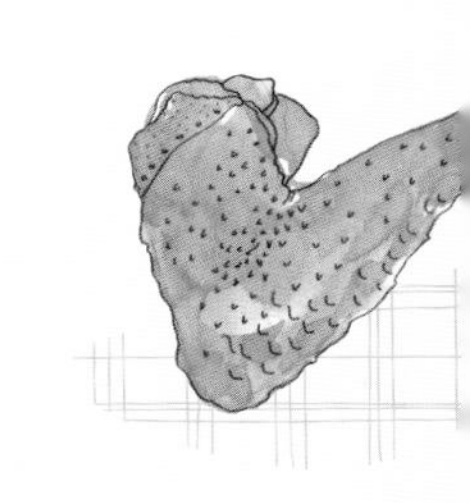

对于母乳喂养的宝宝，妈妈吃坚果，宝宝可能会出现过敏反应。添加辅食以后，给宝宝添加坚果粉或坚果，宝宝也可能会过敏。所以，应注意观察，如果出现过敏反应，注意回避。

• 直面育儿热点

1 给宝宝选择什么样的烹调油？

对于生长发育快速的宝宝，需要一定的脂肪来满足宝宝的生长发育，7~24 月龄的宝宝，建议优先选择同时富含亚油酸和 α－亚麻酸的油，如亚麻籽油、紫苏籽油、核桃油。其次可以选择大豆油或低芥酸菜籽油。2 岁以后，仍然可以选择这些油作为全部或部分烹调油。

2 宝宝喜欢吃肥肉，不喜欢吃瘦肉，能多吃肥肉吗？

宝宝喜欢吃肥肉，一方面肥肉确实香，另一方面是肥肉容易咀嚼或吞咽。宝宝可以吃点肥肉，尤其是需要摄入更多能量的儿童。但为了保证优质蛋白的摄入，还需要注意富含蛋白质食物的摄入量。

维生素D，吸收钙、磷好帮手

维生素D属于“阳光维生素”，能够促进小肠中钙、磷的吸收，维持血液中钙和磷的稳定。同时，维生素D还与免疫系统的调节息息相关。

• 每日需求量

维生素D属于脂溶性维生素，在鱼油、动物肝脏中含量丰富。根据中国营养学会的建议，儿童和成人每日摄入400国际单位的维生素D就可以满足机体需要，并且每日补充800国际单位也不会过量。

0~6岁孩子维生素D的参考摄入量（微克/天）

年龄	推荐摄入量	可耐受最高摄入量
0~1岁	10（AI）	20
1~4岁	10	20
4~6岁	10	30

注：AI代表适宜摄入量，1微克维生素D=40国际单位维生素D

• 不建议宝宝直接晒太阳补充维生素D

虽然我们可以通过晒太阳获得维生素D，但对于婴幼儿来说，最好还是通过食物或补充剂获得。为了避免晒太阳带来的晒伤，世界卫生组织不建议婴儿直接晒太阳。对于母乳喂养或以母乳喂养为主的宝宝，可以每天补充含有400国际单位的维生素D_3，纯维生素D_3制剂或维生素AD制剂都可以。

• 直面育儿热点

什么时候可以给宝宝服用维生素D?

宝宝出生数天后就可以补充维生素D制剂，不再是出生2周才补。对于母乳喂养或混合喂养的宝宝，每日需补充400国际单位维生素D制剂；对于奶粉喂养的宝宝，如果每日从配方奶中已经获得400国际单位可以不用再额外补充。

维生素A，让眼睛更明亮

维生素A又称视黄醇，是儿童比较容易缺乏的维生素，具有维持视觉正常和上皮细胞正常生长与分化的作用。维生素A与骨骼的发育、免疫功能的成熟密切相关，还能促进机体对铁的吸收利用。

• 每日需求量

由于婴幼儿是维生素A缺乏的高危人群，家长应引起重视。不同年龄段对维生素A的需要量不同，具体需求量可以参考下表。

0~6岁孩子膳食维生素A的参考摄入量（微克视黄醇当量/天）

年龄	平均需求量	推荐摄入量	可耐受最高摄入量
0~0.5岁	-	300（AI）	600
0.5~1岁	-	350	600
1~4岁	260	360	900
4~6岁	360	500	1500

注：AI代表适宜摄入量，1微克视黄醇当量维生素A=3.3国际单位维生素A

• 合理搭配，保障维生素A的摄入

维生素A可以通过2种食物获得，一种是本身就富含维生素A的食物，另一种是富含胡萝卜素的食物在体内转化为维生素A。如果合理搭配孩子的饮食，就可以通过食物获得充足的维生素A。

为预防维生素A的缺乏，1岁以上的儿童需要注意奶类、蛋类、肉类的摄入，每周可以安排1~2次肝类，如猪肝、鸡肝、鸭肝，平均每日摄入10克肝类就可以满足6岁儿童对维生素A的需要。

另外，注意给1岁以上的儿童安排蔬菜水果，如番茄、橙子、橘子等富含胡萝卜素的食物。

维生素C，补铁小助理

维生素C又称抗坏血酸，是人体内最重要的水溶性抗氧化营养素之一。维生素C不仅具有抗氧化作用，还能还原三价铁为二价铁，从而促进铁的吸收。

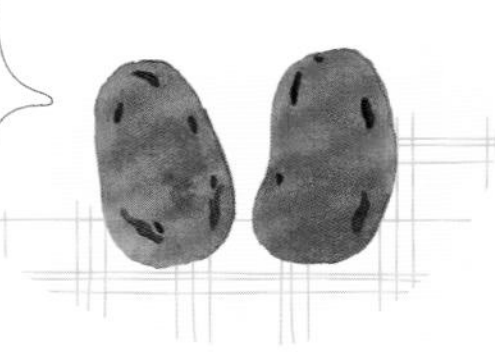

• 每日需求量

根据中国营养学会膳食维生素的推荐摄入量，4岁以下的儿童，每日维生素C摄入量为40毫克，而4~6岁儿童则增加到了50毫克，不到1个猕猴桃含有的维生素C量。因此，只要保证果蔬的日常摄入，儿童一般不会出现维生素C缺乏的情况。

• 直接吃水果是补充维生素C的好方法

由于维生素C属于水溶性维生素，广泛分布于水果蔬菜之中，妈妈们只要在日常饮食中注意每日1~2种水果与2~3种蔬菜的搭配即可。但要注意维生素C在食物制作中易流失，因此烹饪步骤不宜过于复杂。

一些水果，如橙子、猕猴桃等含有的维生素C比较丰富，但如果把富含维生素C的水果用来榨汁喝，会将里面大部分的维生素C破坏掉。所以不要指望给孩子喝点果汁就能补充维生素C。

几种蔬菜和水果中维生素C的含量（毫克/100克）

蔬菜	维生素C含量	水果	维生素C含量
菠菜	32	柚子	23
卷心菜	40	柑橘	28
苋菜	47	草莓	47
菜花	61	猕猴桃	62
青辣椒	62	鲜枣	243
甜椒	72	酸枣	900
野苋菜	153	刺梨	2585

资料来源：中国疾病预防控制中心营养与食品安全所编著《中国食物成分表》，2009

B族维生素，让孩子朝气十足

B族维生素参与体内消化吸收、肝脏解毒等生理过程，对维持儿童的正常代谢、细胞分化、能量转化以及生长发育起着重要作用。B族维生素还能帮助孩子缓解运动疲劳、维护其神经系统的健康。

• 每日需求量

B族维生素家族成员较多，可细分为8种水溶性维生素，但妈妈在营养餐的搭配上无需过分头疼，只要饮食均衡，就可以从食物中获取充足的B族维生素。7~24月龄宝宝要注意奶类与辅食的合理搭配，尤其注意营养丰富的辅食添加。2岁以上的宝宝应适量摄入全谷类、肉类、鱼虾、豆腐、绿叶蔬菜等食物。

B族维生素种类与常见富含食物

B族维生素种类	常见生理功能	富含食物举例
维生素B_1（硫胺素）	维持神经与肌肉的正常发育，维持儿童正常的食欲	全麦粉、葵花籽、猪肉
维生素B_2（核黄素）	参与能量代谢，促进铁的吸收，抗氧化	猪肝、蛋黄、牛奶、绿叶蔬菜
维生素B_3（烟酸）	参与氨基酸、DNA的代谢，促进脂肪的合成	肝类、瘦肉、鱼、坚果
维生素B_5（泛酸）	参与脂肪酸的合成与降解，参与氨基酸的氧化降解	肝类、瘦肉、鸡蛋、全谷类、蘑菇、甘蓝
维生素B_6	参与氨基酸、糖原、脂肪酸的代谢	鸡肉、鱼肉、肝类、豆类、坚果、蛋黄
维生素B_7（生物素）	参与脂类、糖、某些氨基酸和能量的代谢	肝类、蛋黄、牛奶、燕麦、菜花、豌豆、菠菜
维生素B_9（叶酸）	促进细胞分裂与儿童生长	菠菜、肝类、黄豆
维生素B_{12}（钴胺素）	参与核酸、蛋白质合成，参与血红蛋白合成	肝类、瘦肉、鸡蛋、蚕豆、菜花、芹菜、莴笋

补充对了，效果加倍

大部分B族维生素在酸性环境中稳定，加热也不被破坏；但在碱性环境中非常容易被破坏，特别是在高温的状态下。所以在煮粥时不要加碱，煮面时要选用不含碱的面条。但维生素B_9（叶酸）在酸性条件下加热时不稳定，在中性条件下稳定，即使是加热1小时也不会被破坏。所以在加热叶酸含量较高的食物，如菠菜时，最好不要加醋，加醋后不但容易造成叶酸被分解，还会使口感发“涩”。

B族维生素属于水溶性维生素，在体内储存不多，主食加工过于精细，容易造成B族维生素损失。因此，应适量摄入全谷类食物，避免长期摄入过于精细的米面。肝类、豆类、蛋类富含B族维生素，应注意这类食物的摄入，吃鸡蛋不能只吃蛋白不吃蛋黄。

直面育儿热点

1　我家孩子3岁多了，很挑食，不吃肉，不吃鸡蛋，不喝牛奶，每日就白米饭加点菜卤子，会不会缺乏B族维生素？

如果儿童的饮食结构安排不合理，饮食偏素，肉类、蛋类、牛奶摄入少，蔬菜摄入不足，会导致多种营养素摄入不足，长期这样饮食会影响孩子的生长发育。因此，需要纠正孩子的饮食结构，注意荤素搭配。

2　我家宝宝不喜欢吃杂粮，会不会缺乏B族维生素？

宝宝从添加辅食以后，就可以逐步尝试全谷类食物，如果主食过于精细，会有缺乏B族维生素的风险。可以用高压锅煮八宝粥，制作或购买全麦面包等作为宝宝的早餐或加餐。必要时，可以在医生的指导下服用B族维生素的补充剂。

钙，让骨骼更强壮

钙是人体含量最多的一种矿物质，是构成骨骼和牙齿的主要成分，参与维持神经与肌肉的正常兴奋性。

• 每日需求量

对于6月龄以内的宝宝，只要妈妈奶量充足，一般不会缺钙，但每日应摄入400国际单位的维生素D，以促进钙的吸收。对于6~12月龄的宝宝，中国营养学会建议每日摄入250毫克的钙，每日保持600毫升以上的奶量，一般可以不需要担心缺钙。

1~6岁的儿童，每日建议摄入600~800毫克的钙，除了继续保持400毫升左右的奶量之外，还需要注意补充豆腐、虾、绿叶蔬菜、芝麻酱等含钙量丰富的食物。

常见的富含钙食物（毫克/100克）

食物名称	钙含量	食物名称	钙含量
芝麻酱	1170	鲫鱼	79
虾皮	991	豆腐	164
豆腐干（卤）	731	荠菜	294
纯牛奶	104	西蓝花	67
河虾	325	小白菜	90
扇贝	142	豆浆	10

• 直面育儿热点

孩子2岁以后就断了母乳，不再喝奶了，需要补钙吗？

孩子断母乳后，仍然建议保证一定的奶量，2岁以后的孩子可以直接喝纯奶。奶类不但是钙的良好来源，还能补充优质蛋白等营养素。如果确实无法保证充足的奶量，且需要补钙，还要注意其他优质蛋白质的食物摄入。

铁，造血小管家

铁是人体必需的微量元素之一，也是人体最容易缺乏的微量元素。铁参与机体血红蛋白、嘌呤与胶原蛋白的合成，并参与抗体的产生，在维持孩子正常免疫功能上发挥一定的作用。

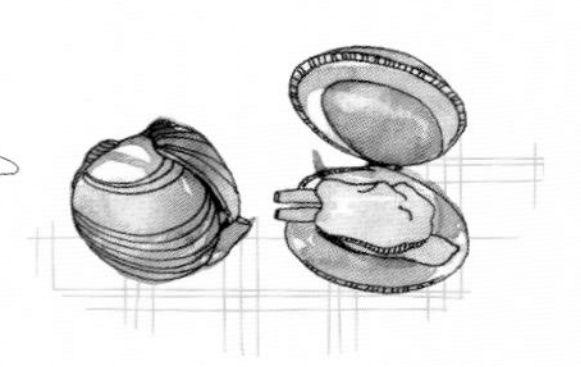

• 每日需求量

6月龄以内的宝宝，主要依赖机体储备的铁。对于母乳喂养的宝宝，由于母乳中铁含量低，4~6月龄的宝宝就会面临缺铁的风险。因此，可以预防性补铁，或者检查血清铁蛋白和血常规，如果检查结果提示缺铁了可进行补充。6个月以后，需要及时添加富含铁的辅食。

6~24月龄是宝宝缺铁性贫血的高发年龄段。推荐每日摄入铁：6~12月龄为10毫克，1~4岁为9毫克，4~6岁为10毫克。虽然摄入低于这个推荐量不代表宝宝一定会患上缺铁性贫血，但缺铁的风险会增加。

• 血红素铁吸收率高

膳食中有两种形式的铁，血红素铁和非血红素铁。血红素铁来自动物性食物，易于吸收，吸收率可达15%~35%；非血红素铁主要来自植物性食物，铁的吸收率在3%~5%，即便在维生素C的帮助下，身体对其吸收利用率也不如血红素铁高。

因此，食物补充铁的最好方法就是食用富含血红素铁的食材，如动物肝脏、动物血、猪肉、牛肉等。而食用富含维生素C的水果，如猕猴桃、鲜枣等能促进非血红素铁的吸收。

富含铁的常见食物（毫克/100克）

食物名称	铁含量	食物名称	铁含量
鸭肝	35.1	桂圆肉	3.9
羊肉	13.7	菠菜	2.9
河蚌	26.2	油菜	5.9
蛤蜊	22.0	红枣	2.3
黄花菜	8.1	荠菜	5.4

锌，维护孩子免疫力

锌广泛分布在全身组织，几乎参与人体内所有的代谢过程，是体内核酸和蛋白质合成过程中必不可少的微量元素，对生长发育、智力发育、免疫功能、物质代谢和生殖功能等均具有重要的作用。

• 每日需求量

根据中国营养学会推荐的膳食锌参考摄入量来看，锌的每日推荐摄入量：6~12月龄的婴幼儿为3.5毫克，1~3岁儿童为4毫克，4~6岁儿童为5.5毫克。缺锌可导致生长发育迟缓、食欲下降、异食癖、免疫力低下、腹泻等症状的产生。

• 及时补充富锌食物

食物中大部分锌都会与蛋白质和核酸结合，动物性食物如牡蛎、扇贝、牛肉、肝类、猪瘦肉等食材富含锌，且吸收利用率高，是锌的不错来源。蛋黄中含有一定的锌，但吸收率不如肉类。

母乳中的锌随着月龄的增加，浓度会下降。6月龄以后，母乳喂养的宝宝，75%的锌需从辅食中获得。

如果孩子饮食偏素，就有缺锌的风险，要注意坚果、胚芽粉等富锌食物的摄入，必要时可以预防性补锌。

富含锌的常见食物（毫克/100克）

食物名称	锌含量	食物名称	锌含量
海蛎肉	47.05	牛瘦肉	3.71
蛏干	13.63	山核桃	12.59
扇贝	11.69	蛋黄	3.79
小麦胚粉	23.4	猪肝	5.78
猪瘦肉	2.99	生蚝	71.20

碘，智力发育不可少

碘有“智力元素”之称，是人体内合成甲状腺激素的必备元素，而甲状腺激素与儿童的生长发育和大脑及神经系统发育密切相关。

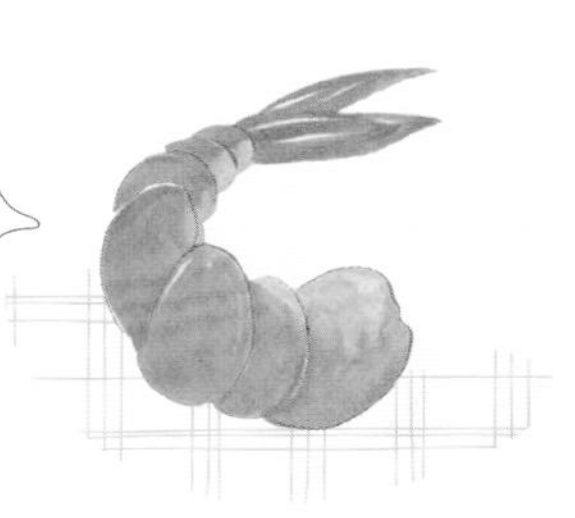

• 每日需求量

在我国，食用盐一般为加碘盐，1岁以上的儿童可以通过食盐获得一定的碘，还可以通过食用海带、紫菜来获得丰富的碘。正常情况下，哺乳期妈妈需要摄入充足的碘来维持母乳中碘的量。1岁以内的婴儿辅食里不建议加盐，所以需要从奶类和辅食中获得足够的碘。

0~6岁儿童膳食碘参考摄入量（微克/天）

年龄	平均需求量	推荐摄入量	可耐受最高摄入量
0~0.5岁	-	85（AI）	-
0.5~1岁	-	115	-
1~4岁	65	90	-
4~6岁	65	90	200

注：AI代表适宜摄入量

• 菜快熟时再放盐，以减少碘挥发

碘盐在受到光照与加热后容易挥发，所以在平时贮存时，要将碘盐置于阴凉处，并加盖保存，在烹调中，妈妈需要在菜肴快熟或熟透时加入，以减少碘的挥发。

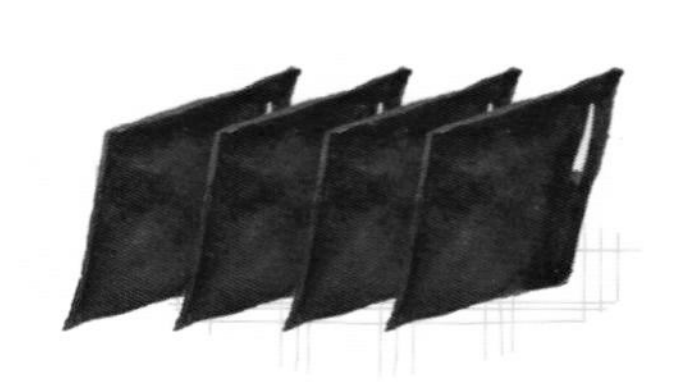

考虑到盐中的碘会在菜肴制作时有所挥发，且孩子并不适合摄入过多的盐。因此，妈妈还可以在天然食物中挑选些富含碘的食材，如海带、紫菜、海鱼、海虾等。

钾，维持代谢平衡

钾是人体必需的常量元素之一，在能量代谢、细胞内外酸碱平衡、水和体液平衡过程中起着重要的调节作用。

• 每日需求量

大部分食物都含有钾，蔬菜和水果是钾的良好来源，如蚕豆、豌豆、冬菇、竹笋、紫菜、土豆、菠菜、香菇、香蕉、苹果等。

正常饮食情况下，一般不会缺钾。为了获得充足的钾，要注意肉类、蔬菜、水果的摄入，如果蔬菜和水果吃得少，钾可能会摄入不足。

0~6岁儿童钾参考摄入量（微克/天）

年龄	适宜摄入量
0~0.5岁	350
0.5~1岁	550
1~4岁	900
4~6岁	1200

• 直面育儿热点

孩子大量出汗，会导致缺钾吗？

如果孩子活泼好动出汗多、或持续腹泻，会导致体内水分与钾元素的大量流失，此时就需要在补充水分的同时，摄入富含钾的食物，以保证孩子体内的钠钾平衡。

常被忽视的其他微量元素

根据世界卫生组织专家委员会的定义，人体需要摄入8种必需微量元素。在给儿童搭配饮食时，除了上文已经介绍过的铁、锌、碘之外，还需要有硒、铜、钼、铬、钴，但这些微量元素一般不容易缺乏。

• 其他微量元素种类与作用

1 硒具有抗氧化、增强免疫力、调节甲状腺激素、排毒与解毒等作用。牡蛎、鲜贝、肝类、蘑菇、蛋黄、豆腐干等都是富含硒的食物。

2 铜能够维持正常的造血功能，促进结缔组织形成，维护中枢神经系统的健康，具有抗氧化等作用。正常饮食不会引起铜的缺乏。牡蛎、贝类、坚果类与动物肝脏都是铜的良好来源。

对于患有肝豆状核变性儿童来说，需要低铜饮食。家长需要关注儿童的体检，发现孩子肝功能异常，要及时到医院排查。肝豆状核变性儿童往往能在体检时发现肝功能异常，通过进一步检查才能确诊，发现越早治疗效果越好。

3 钼为一些钼金属酶的辅基，并对有毒性的醛类物质具有解毒作用。动物肝脏与谷物都是钼的良好来源。

4 铬能增强胰岛素的作用，维持孩子体内血糖的平衡，但儿童对其需求量不高，一个鸡蛋足以满足。

5 钴以维生素B_{12}的形式发挥生理作用，参与核酸和蛋白质的合成过程。

• 不推荐纯素饮食

很多微量元素在肝类、蛋黄、肉类、鱼虾当中含量丰富，因此应注意合理搭配儿童的饮食，不推荐儿童吃纯素饮食。如果儿童饮食偏素，需纠正饮食结构，并注意补充复合营养素。

植物化学物，生理功能润滑剂

植物不但含有碳水化合物、蛋白质、脂肪等，还含有矿物质、维生素，并存在一些除维生素之外的次级代谢产物，营养学上把它们称为植物化学物，例如番茄含有的番茄红素，大豆含有的大豆异黄酮，大蒜含有的大蒜素。植物化学物对人体具有潜在的健康益处，包括抗氧化、抗肿瘤等。

• 每日需求量

为了获得丰富的植物化学物，应注意蔬菜和水果的摄入。7~12月龄每日分别摄入蔬菜和水果各25~100克；13~24月龄每日分别摄入蔬菜和水果各50~150克；2~3岁每日分别摄入蔬菜和水果各100~200克；4~5岁每日分别摄入蔬菜和水果各150~300克。

• 蔬菜和水果都要吃，不可替换

植物化学物广泛存在于蔬菜水果中，在黄色的蔬果中含有丰富的类胡萝卜素，如胡萝卜、南瓜、木瓜、芒果等；番茄红素则广泛存在于颜色红艳的水果中，如番茄、西瓜等；在石榴、苹果、西蓝花、菠菜、红椒等蔬菜水果中，酚类化合物含量较高。

在给孩子搭配营养餐时，尽量有1/3以上的深绿色蔬菜，如菠菜、生菜、青菜等。由于蔬菜和水果各有不同的营养特点，蔬菜和水果都应该适量摄入。

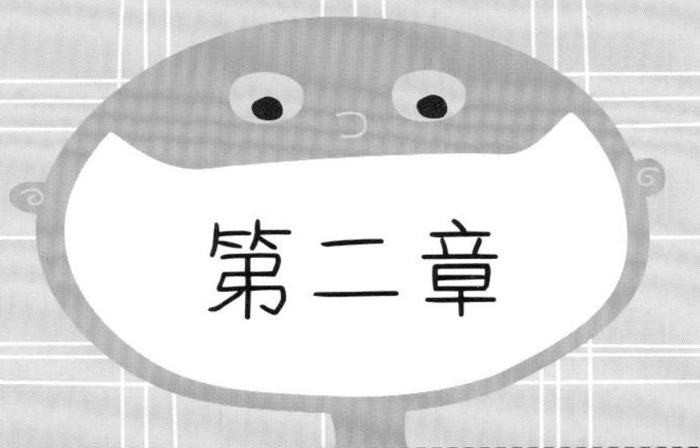

第二章

1岁以前：从喝奶到爱上吃饭

合理添加辅食，成长快人一步

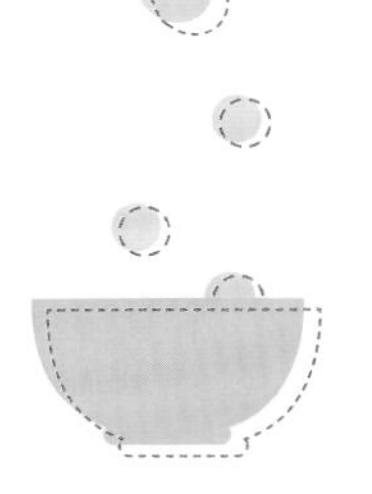

给宝宝添加辅食的时间

当宝宝快要添加辅食时，不少新手妈妈难免要犯愁：什么时候开始给宝宝添加辅食呢？无论是世界卫生组织、美国儿科学会还是中国营养学会，都建议0~6个月宝宝进行纯母乳喂养；对于健康足月出生的宝宝，引入辅食的最佳时间为满6个月（出生180天后）。此时，宝宝的胃肠道等消化器官已经发育相对完善，可消化母乳以外的多样化食物。同时，宝宝的口腔运动功能，味觉、嗅觉、触觉等感知觉，以及心理、认知和行为能力也已准备好接受新的食物。

当然，建议满6个月添加辅食，并不意味着所有的宝宝都要按照这个标准。如果确实要提前添加辅食，需先咨询专业人士。但总的来说，辅食添加再早也不能早于4月龄，当然，也不能晚于8月龄。

适时添加辅食，有利于宝宝语言能力的发展

适时添加与宝宝发育水平相适应的不同口味、不同质地、不同种类的辅食，有利于促进宝宝味觉、嗅觉、触觉等感知觉的发展。

适时添加辅食还能锻炼宝宝口腔运动能力，包括舌头的活动、啃咬、咀嚼、吞咽等，有利于宝宝语言能力的发展。辅食添加不当，会影响到宝宝的进食能力、语言和发音能力等。

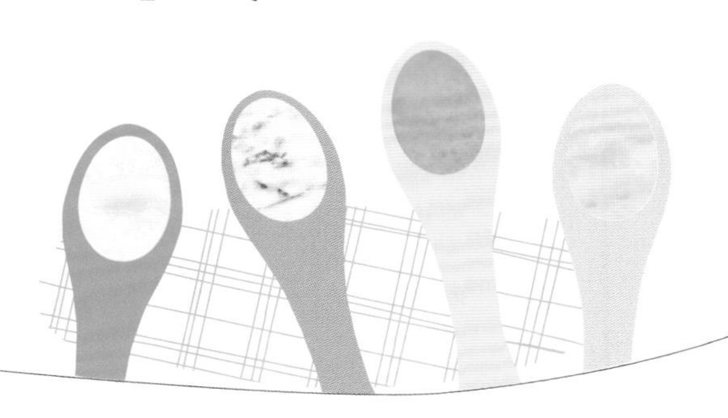

添加辅食的信号

除了6个月这个时间点外，该不该给宝宝添加辅食，还要看宝宝是否可以满足添加辅食的条件，同时具备了这几点就可以考虑给宝宝添加辅食了。

信号1：对辅食感兴趣，当大人吃东西时，宝宝盯着看，有时还想抢食物；

信号2：学会吞咽，挺舌反射消失，不再用舌头把喂辅食的勺子顶出；

信号3：能用手抓住食物，准确放到嘴里；

信号4：能够坐稳并保持头部稳定。

给宝宝添加辅食要从少量和简单开始，由少到多、由稀到稠、由简单到复杂、由单一到混合，循序渐进。

添加辅食的次序

建议从6月龄开始添加泥糊状食物(强化铁的米糊、肉泥、鱼泥等)，逐渐过渡到每日1餐；8~9个月时，宝宝对于辅食的接受面相对广了很多，食物的形状可以由泥糊状逐步过渡到半固体，可以慢慢尝试烂面条、碎菜、碎水果、蛋黄末、肉末、鱼末、豆腐等，每日1~2餐；10~12个月时，可以尝试一些碎状食物了，如碎馒头、碎肉、馄饨、软饭等，每日2~3餐辅食；12个月以后，就可以慢慢向成人的饮食模式过渡。

辅食第一步加什么?

如果给刚接触辅食的宝宝添加婴儿米粉，可以用配方奶、母乳或温开水调制米粉，调成泥糊状，用勺子喂给宝宝。婴儿米粉最好挑选原味不加蔗糖的，根据需要，可以选择符合中国标准的强化铁米粉，还可以选择含铁量是中国标准5倍多的高铁米粉。

满6个月的宝宝在辅食添加上没有严格的先后顺序，第一口辅食吃什么并不是非常重要。因此，辅食第1步也可添加肉泥、鱼泥、肝泥，但要注意富含铁的食物摄入。

辅食是两餐之间吃还是正餐吃？

辅食安排并没有特定的时间，两餐之间或正餐都可以尝试添加。在宝宝满6个月后，可以挑选一个妈妈和宝宝都能接受的时间段，在宝宝不太饿的情况下尝试喂辅食。

但如果在喂辅食时，宝宝不停地哭泣或者拒绝，不要强迫他吃，可以继续喂母乳或者配方奶1~2个星期，另选时间再尝试喂辅食。

判断宝宝是否适应辅食的方法

宝宝接受一种新食物有个适应过程，最好每次只提供一种新的食物，等3~5天之后再添加另一种。每次给宝宝吃一种新食物以后，要观察宝宝的反应，如果出现腹泻、皮疹或呕吐等情况，要停止给宝宝吃可能引起这些症状的食物，必要时咨询儿科医生。

宝宝对辅食过敏要注意什么？

宝宝对某种食物是否过敏，在尝试给其喂食前是无法推测的，因此每一种食物，尤其是容易引起过敏的蛋类、鱼、虾、坚果、豆制品等，在第一阶段添加辅食的时候一定要遵循“少量多次，循序渐进”的原则。在初步添加时至少观察3天，在3天观察期中不添加新食物，如果出现过敏症状，因为量少，症状也不会很严重，但需要回避该类辅食至少3个月以上；如果没有出现过敏症状，则一点点加量，并继续观察会不会过敏。

以往会建议晚点给宝宝添加容易引起过敏的食物来预防过敏。但现在研究认为，晚添加这类食物并不会降低过敏风险，添加辅食的种类应该丰富，以满足宝宝对各项营养素的均衡摄入。但是，对于过敏体质的宝宝，最初的辅食可以先尝试不容易引起过敏的，随后尝试可能会引起过敏的。

宝宝的辅食要不要有"滋味"?

世界卫生组织、中国营养学会等权威机构建议:

1.1岁以内的宝宝不吃盐,1岁以后的幼儿也要尽量少吃盐,养成低盐饮食的好习惯。

有的家长会问:不给宝宝吃盐,那多没有味道?其实,宝宝接受原味食物的本领超出你的想象,一旦吃了含盐食物,开始爱上加盐的食物,容易习惯"重口味",而且摄入过多的盐还会增加肾脏排泄负担。

2.所有年龄段的儿童青少年,都应不喝或少喝含糖饮料和食用高糖食品。

对比起"盐的诱惑",宝宝其实更容易陷入糖类的"甜蜜陷阱",给宝宝喝果汁或甜饮料,会增加宝宝肥胖的风险。纯糖属于高热量食物,会影响我们的健康,任何年龄段都应该限制纯糖的摄入。所以,1岁以内的宝宝一定要严格控制糖的摄入,尽量回避含纯糖的食物。

3.2~4岁的宝宝建议烹调油每日摄入量为15~20克,4~6岁为20~25克。

一般建议6个月以后就可以给宝宝吃油。处在生长发育中的宝宝,对食物的要求相对较高,对油的选择也不例外。建议选择α-亚麻酸含量丰富的油,如亚麻籽油、核桃油、优质菜籽油、大豆油等,以补充脂肪酸。

为了宝宝的健康,不要过早添加盐、糖及刺激性调味品。而在营养餐中选择优质的坚果类油,控制每日烹调油用量,可以减少儿童肥胖的发生。从小避免"重口味",不仅对宝宝健康有益,还有利于培养其清淡饮食的习惯。

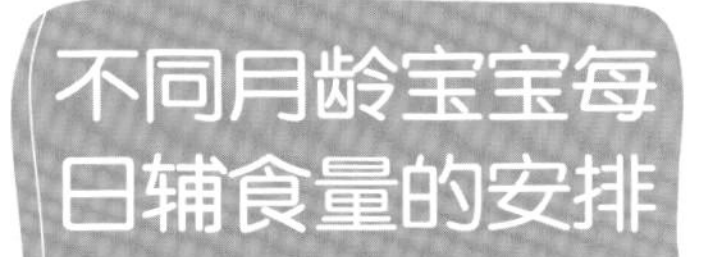

6月龄:奶量800~1000毫升;谷类10~20克;禽畜肉10~25克;蛋黄1/2~1个;蔬菜25~50克;水果25~50克;油0~10克;水少量;盐不额外添加。

7-9月龄:奶量600~800毫升;谷类25~50克;禽畜肉25~50克;蛋黄1个;蔬菜25~50克;水果25~50克;油5~10克;水少量;盐不额外添加。

10-12月龄:奶量500~700毫升;谷类50~75克;禽畜肉25~75克;蛋黄1个或整蛋1/2~1个;蔬菜50~100克;水果50~100克;油5~10克;水少量;盐不额外添加。

注:以上辅食量的安排仅作为参考,家长应根据实际情况进行调整,来满足宝宝生长发育需要,同时训练宝宝吃辅食的能力。

添加辅食后宝宝不喝奶怎么办？

确实有一些宝宝，在尝试辅食以后对其特别感兴趣，不再那么爱喝奶甚至会拒绝喝奶。想要纠正宝宝不喝奶的问题，千万不要强迫宝宝，而是要适量增加一些营养丰富的辅食种类,保证足够的营养摄入。如果喝奶量确实少，注意给宝宝添加肉类、蛋类、鱼虾、豆腐,必要时适量补钙。

什么时候才建议喝果汁？

根据美国、澳大利亚等国家最新有关婴儿喂养的指南建议,1岁以内的婴儿不提倡喝果汁，1岁以后也要限制喝稀释的果汁,4岁以内建议每日果汁量在120~240毫升,7岁以后每日限制在240~360毫升。家长不需要给宝宝喝果汁，应让宝宝养成吃水果的习惯。

辅食添加的误区

很多家长喜欢把果汁或米汤作为辅食添加的第一步，这种做法不太合适。

果汁在榨汁过程中，水果内丰富的维生素C等营养素会大量损失，而糖分会得以保留。因此，在初次辅食中添加果汁不仅无法满足宝宝的营养需求，过量的糖分还容易诱发儿童肥胖。

米汤是由大米或小米熬制成的，因为加入了大量水分，所以说米汤对于宝宝来说是营养比较差的辅食。

1岁以内宝宝食谱黑名单

鲜牛奶：宝宝的胃肠道、肾脏等系统发育尚不成熟，鲜牛奶中高含量的酪蛋白、钙等营养物质很难被消化吸收，不适合婴儿食用。

过敏的食物：部分宝宝对某些食物，如鸡蛋、牛奶、鱼虾等会过敏，如果宝宝对某种食物过敏，就应注意回避，3个月以后再尝试。

整粒坚果：坚果虽然营养丰富，但宝宝进食这种小块硬物特别容易呛入气管，引发危险。所以，4岁以内的宝宝不要进食整粒的坚果，家长可以把坚果打成粉或碎末再给宝宝尝试。

选好餐具，辅食喂养更容易

宝宝要有专属的餐具，避免与成人混用，使用前后要清洗干净，必要时还要消毒，清洗时要用婴幼儿餐具洗涤剂清洗，还需关注以下几点。

1. 妈妈喂宝宝吃饭时要用材质柔软的软头感温勺子。练习用勺子的时候更要注意勺口大小，选择宝宝能一口吞食的勺子。

2. 在挑选叉子时，除了把关宽度与长度以外，还要注意叉子尖端是否有圆弧设计，以免喂食时戳伤宝宝的口腔和脸部。

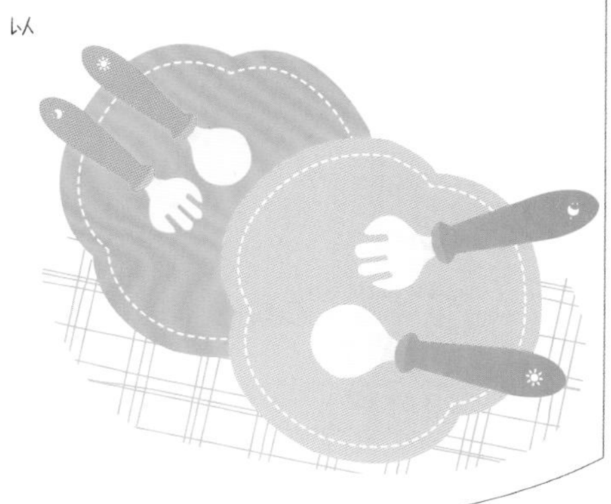

3. 推荐妈妈挑选设计新颖和方便的吸盘碗，防止宝宝拿不稳或好奇乱动时将碗摔翻。

辅食喂养，多些耐心

刚开始尝试辅食，家长一定要有足够的耐心。为了顺利添加辅食，前几次可以先喂一点母乳或配方奶，让宝宝不至于饿着肚子，然后用小勺子喂一点辅食（半勺半勺地喂），最后再喂母乳或配方奶让其吃饱，这样有利于避免宝宝在非常饿的时候因为不习惯辅食而拒绝吃辅食，也可以让宝宝慢慢地适应用小勺子吃辅食。

在刚喂辅食的时候，有的妈妈会发现无论怎么喂宝宝，大多数辅食都进不到宝宝嘴里，而是被弄到脸上和围嘴上。这时候一定要多点耐心，放缓喂养动作，从一两勺开始，等宝宝适应了吞咽食物后再慢慢加量。

1岁以下的宝宝并不能很好地表达自己的想法，家长应该细心观察宝宝在辅食喂养中的进食行为，进而去控制每次具体的辅食量。对于婴幼儿，饮食可能没有成人那么规律，有时候吃得多一些，有时候吃得会少一些，这就需要监测体重增加情况，避免过度喂养或喂养不足。

泥泥糊糊，初探食物味道

婴儿米粉糊

材料

婴儿强化铁米粉1~2勺(5~10克，根据宝宝食量来调整)

做法

将温开水倒入米粉中，边倒边用汤匙搅拌，让米粉与水充分混合，等冷却到合适温度(滴在手背上不烫)再喂给宝宝。

营养师的悄悄话

强化铁的米粉含有丰富的碳水化合物、蛋白质、铁、锌等，有利于预防宝宝出现缺铁性贫血。需要提醒的是：宝宝的第一口辅食并非一定是米粉，也可以是肉泥等营养丰富的辅食。

鳕鱼泥

材料

鳕鱼肉50克

做法

❶ 将鳕鱼肉解冻，放在蒸锅上蒸熟。

❷ 将蒸好的鱼肉挑出鱼刺，放入料理机中搅打成鱼肉泥。

营养师的悄悄话

鳕鱼属于低脂高蛋白鱼类，刺少肉嫩，适合婴幼儿食用，同时它还含有一定的多不饱和脂肪酸EPA，可在宝宝体内转化成促进大脑发育的DHA。需要提醒的是：可以尽早引入肉泥、鸡肉泥等补铁辅食。

猪肝泥

材料

新鲜猪肝50克

做法

❶ 将猪肝剔去筋膜，切成片状，用清水浸泡30分钟以上。

❷ 将处理好的猪肝放入蒸锅内，大火蒸10分钟左右。

❸ 取出蒸熟的猪肝，料理机内加少许热水，搅打成猪肝泥即可。

营养师的悄悄话

猪肝营养价值非常高，富含多种营养素，包括铁、锌、B族维生素、维生素A等，其中含有的铁属于血红素铁，吸收率高。

青菜泥

材料

青菜50克，核桃油少许

做法

❶ 青菜择洗干净，沥水，切碎。

❷ 锅内加入适量水，待水沸后放入青菜碎末，煮3~5分钟，捞出放碗里。

❸ 用料理机打成泥，加几滴核桃油调味。

营养师的悄悄话

绿叶蔬菜的营养价值相对较高，可补充钙、镁、维生素C等，青菜中还含有大量的膳食纤维，有助于宝宝顺利排便。

南瓜泥

材料

南瓜50克

做法

南瓜洗净，去皮蒸熟，放入碗里，用勺子压成泥，也可以用料理机带皮一起打成泥。

营养师的悄悄话

南瓜含有丰富的胡萝卜素，其在体内可转化成维生素A，有利于维护视力、增加呼吸道黏膜的免疫力。

蛋黄泥

材料

鸡蛋1个

做法

❶ 鸡蛋洗净，放入锅中，加适量水煮熟。

❷ 剥壳切开，取1/4个熟蛋黄，用勺子按压成泥，加20毫升温开水搅拌均匀即可。

营养师的悄悄话

蛋黄含有优质蛋白质、卵磷脂、维生素A、锌、铁、B族维生素等多种营养素，有利于宝宝身体、神经系统和脑细胞的发育。蛋黄营养丰富，但不算补铁的良好食材。

蛋白质　卵磷脂　维生素A

胡萝卜泥

材料

胡萝卜1/2根

做法

❶ 胡萝卜洗净，去皮，加水煮熟。

❷ 用勺子将胡萝卜压成泥，加适量温开水拌匀。

营养师的悄悄话

胡萝卜含有丰富的胡萝卜素，能在体内转化成维生素A，促进宝宝视力发育。

胡萝卜素

红薯泥

材料

红薯50克

做法

❶ 红薯洗净，去皮切块。

❷ 上锅蒸熟，用勺子压成泥即可。

营养师的悄悄话

红薯不仅含有丰富的膳食纤维，还富含钾、胡萝卜素等营养素，有利于促进宝宝肠胃蠕动，防止便秘。但薯类含蛋白质较低，宝宝应适量食用，否则会影响优质蛋白的摄入量。

青菜米糊

材料

婴儿米粉20克，青菜叶3片

做法

❶ 婴儿米粉用温开水调好；将青菜叶洗净，放入沸水锅内煮软，捞出沥干。

❷ 青菜叶捣成青菜泥，加入调好的米糊中拌匀即可。如果温度稍高可以晾凉几分钟。

营养师的悄悄话

青菜中丰富的膳食纤维有利于促进宝宝肠胃蠕动，预防便秘，还可以在米粉中加入肉泥，做成青菜肉泥米糊。

西蓝花米糊

材料

婴儿米粉20克，西蓝花25克

做法

❶ 西蓝花洗净，掰成小朵。

❷ 锅中加适量水煮沸，放西蓝花煮熟；婴儿米粉中加温开水，调成米糊。

❸ 将煮过的西蓝花用搅拌机粉碎，加入调好的米粉中拌匀，注意晾温后给宝宝食用。

营养师的悄悄话

西蓝花富含胡萝卜素、钙与维生素C。研究发现，西蓝花还是抗癌能手，有利于预防肺癌、胃癌等发病风险。

苹果米糊

材料

苹果25克，婴儿米粉20克

做法

❶ 苹果洗净，去皮去核，切成小块。

❷ 将苹果块用料理机搅碎，加入调好的婴儿米粉中即可。

营养师的悄悄话

婴儿米粉可以提供丰富的碳水化合物，苹果富含果胶、黄酮类化合物，还含有一定的有机酸，能刺激消化液分泌，提升宝宝食欲。

木瓜泥

材料

木瓜50克

做法

❶ 木瓜洗净，去皮去子，切丁，放入碗内。

❷ 将木瓜丁用辅食机打成泥即可。

营养师的悄悄话

木瓜含有丰富的胡萝卜素与维生素C，但部分宝宝可能会对木瓜过敏，家长在首次添加时需注意观察宝宝反应。

胡萝卜素　维生素C　膳食纤维

牛油果泥

材料

牛油果1个

做法

牛油果用勺子挖出果肉，按压成泥状即可。

营养师的悄悄话

牛油果含有丰富的不饱和脂肪酸，属于能量较高的水果，适合6个月以后的宝宝食用，但部分宝宝可能会对牛油果过敏，给宝宝添加时需注意观察。

香蕉泥

材料

香蕉1/4根，配方奶适量

做法

❶ 香蕉去皮切段，用勺子压成泥。

❷ 香蕉泥中加入配方奶拌匀，再上锅稍微加热即可。

营养师的悄悄话

香蕉口感软糯，容易做成泥状。生香蕉含有一定的鞣酸，不利于宝宝排便，需要给宝宝选熟透的香蕉来做辅食。

混合辅食，荤素均衡

蛋黄鱼肉泥

材料

鱼肉30克，熟鸡蛋黄1/2个

做法

❶ 鱼肉洗净后去皮、去刺，放入盘内，上锅蒸熟，研成泥。

❷ 熟鸡蛋黄用勺子压成泥。

❸ 混合鱼泥和蛋黄泥即可。

营养师的悄悄话

鱼肉含有丰富的优质蛋白质，还含有一定的DHA，充足的DHA有利于宝宝大脑和视力发育。婴幼儿每日推荐摄入100毫克DHA，来源包括奶、鱼或补充剂。

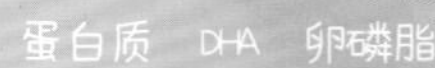

番茄鸡肝泥

材料

鸡肝、婴儿米粉各20克，番茄1/2个

做法

❶ 鸡肝洗净，浸泡后煮熟，用辅食机或料理机打成泥。

❷ 番茄洗净，放在开水中烫一下，捞出后去皮，捣烂，加入鸡肝泥、调好的米粉，搅拌成泥糊状。

营养师的悄悄话

鸡肝、猪肝等肝类是补充铁、锌、维生素A的良好食材，搭配番茄有利于改善口感，减轻腥味。

番茄鳕鱼泥

材料

鳕鱼肉50克，番茄1个，植物油适量

做法

❶ 鳕鱼肉洗净，切小块放入碗中，研成泥。

❷ 番茄洗净，去皮，用勺子研成泥。

❸ 油锅烧热，倒入番茄泥炒匀，放入鳕鱼泥，快速搅拌至鱼肉熟时即可。

营养师的悄悄话

番茄和鳕鱼，荤素搭配，营养更均衡。鳕鱼富含优质蛋白质，且容易制作成泥。

三色泥

材料

南瓜10克，番茄1/4个，嫩豆腐20克

做法

❶ 南瓜洗净，去皮切块；番茄洗净，去皮切块。

❷ 将南瓜、番茄和嫩豆腐放入锅内蒸熟，取出后搅打成泥即可。

营养师的悄悄话

软嫩的豆腐与富含胡萝卜素的南瓜搭配，补充营养的同时还有利于孩子消化，豆腐含钙量较高，但内酯豆腐含钙不高。

南瓜大米粥

材料

大米30克，南瓜50克

做法

❶ 南瓜洗净去皮，切成小块；大米洗净，放入清水中浸泡1~2小时。

❷ 将南瓜和大米一起放入锅内，加水，大火煮沸。

❸ 转小火煮至大米和南瓜软烂即可。

营养师的悄悄话

大米含有大量淀粉与少量植物蛋白，可提供丰富的能量；南瓜中含有丰富的胡萝卜素，两者搭配营养更丰富。

鸡肉玉米泥

材料

鸡肉25克，鲜玉米粒50克

做法

❶ 玉米粒洗净，沥干水分，放入沸水中煮熟。

❷ 鸡肉洗净，切小块，入锅加水汆熟。

❸ 将煮熟的鸡肉块和玉米粒一起放入辅食机中，加入少量温开水，搅打成鸡肉玉米泥。

营养师的悄悄话

鸡肉等禽肉富含优质蛋白质，也是铁、锌等微量元素的良好来源。鸡肉和鲜玉米粒一起做成复合辅食，营养更均衡。

铁　蛋白质　碳水化合物

鸡汤南瓜泥

材料

南瓜50克，鸡汤适量

做法

❶ 南瓜去皮去子，洗净后切成丁。

❷ 将南瓜丁装盘，放入锅中，加盖隔水蒸10分钟。

❸ 取出蒸好的南瓜，倒入碗内，用勺子压成泥后，加入热鸡汤拌匀即可。

营养师的悄悄话

南瓜是补充胡萝卜素的良好食材。鸡汤内不能加盐、糖等调味料，1岁以前的宝宝辅食应尽量保持原味。

碳水化合物　胡萝卜素

番茄鱼肉糊

材料

番茄1/2个，鱼肉50克

做法

❶ 鱼肉洗净后去皮、去刺；番茄洗净后去皮、切块。

❷ 将鱼肉和番茄放入盘内，上锅蒸熟，再将两者捣烂或用料理机打碎即可。

营养师的悄悄话

番茄含丰富的胡萝卜素和番茄红素，番茄红素是一种较强的抗氧化剂。番茄鱼肉糊酸酸甜甜，可以调动宝宝食欲。

西蓝花蛋黄粥

材料

西蓝花3朵，熟鸡蛋1个，大米30克

做法

❶ 剥去鸡蛋壳，取蛋黄部分，将蛋黄碾碎，然后取一半的量。

❷ 将西蓝花放入清水中浸泡半小时左右，放入沸水中焯熟后切碎。

❸ 大米洗净，煮成米粥，加入西蓝花碎煮熟，然后加入蛋黄，稍煮一下拌匀即可。

营养师的悄悄话

蛋黄营养非常丰富，含有优质蛋白质、卵磷脂、锌、铁、B族维生素等，如果宝宝还没有很好地接受肉类，可以适量增加蛋黄，以便获得充足的优质蛋白。

白菜烂面条

材料

宝宝面条30克，白菜叶3片，亚麻籽油少许

做法

❶ 白菜叶洗净，切碎。

❷ 将面条掰碎，放进沸水锅里，待煮沸后，转小火，加入白菜叶一起烧煮至面条变软，加入少许亚麻籽油调匀即可。

营养师的悄悄话

宝宝面条含有丰富的碳水化合物；白菜含有钾、维生素C、膳食纤维等营养素；亚麻籽油含有亚油酸、α－亚麻酸两种必需脂肪酸。为了便于宝宝吞咽，刚开始可选用颗粒面。

牛肉香菇粥

材料

牛肉20克，香菇1朵，大米、芹菜各30克，植物油少许

做法

❶ 牛肉洗净，入锅炖熟后用料理机打碎。

❷ 芹菜、香菇分别洗净，切成末；大米洗净，熬煮成粥。

❸ 油锅烧热，炒熟牛肉碎和香菇末，最后放入芹菜末炒熟 。

❹ 将炒熟的牛肉香菇芹菜倒入粥中拌匀。

营养师的悄悄话

牛肉富含蛋白质、铁、锌，是给宝宝补铁、补锌的良好食材；芹菜含有丰富的膳食纤维，有利于预防宝宝便秘。

菠菜虾仁粥

材料

鲜虾3只，菠菜、大米各30克，植物油少许

做法

❶ 鲜虾洗净，去头，去壳，去虾线，剁成小丁；菠菜洗净，沸水焯熟，取出切碎。菠菜要多烫一会，让里面的草酸充分流失。

❷ 大米淘洗干净，加水煮成粥，加菠菜碎、虾仁丁，搅拌均匀，煮3分钟，出锅前加少量植物油即可。

营养师的悄悄话

鲜虾肉质细嫩，味道鲜美，含有较多的蛋白质，以及钙、硒等矿物质，是优质蛋白质的良好来源。虾属于易过敏食材，首次添加，家长要注意观察宝宝状况。

钙　碳水化合物　蛋白质

胡萝卜瘦肉粥

材料

胡萝卜20克，猪瘦肉10克，大米30克，核桃油少许

做法

❶ 将胡萝卜、猪瘦肉分别洗净，剁碎；大米淘洗干净。

❷ 将大米、猪瘦肉碎、胡萝卜碎一起放入锅内，加适量水煮成粥即可。

❸ 滴几滴核桃油调味。

营养师的悄悄话

猪瘦肉富含蛋白质、脂肪、铁、锌、维生素A等。6个月以后的宝宝可以尝试肉泥，8个月左右的宝宝可以尝试煮得软软的肉末粥。

鸡胸肉软粥

材料

鸡胸脯肉20克，大米30克

做法

❶ 鸡胸脯肉洗净，剁成末；大米淘洗干净。

❷ 锅内倒入大米，加入鸡胸脯肉末，熬煮至软烂即可。

营养师的悄悄话

鸡肉蛋白质含量高，还含有容易被吸收利用的铁、锌等矿物质，较猪肉、牛肉更容易煮烂。

海带豌豆蓉

材料

豌豆50克，海带20克

做法

❶ 豌豆洗净，蒸熟，用勺子压成泥；海带浸泡半小时，洗净后切成小碎末。

❷ 锅内加水煮开后，放入海带末煮熟，再放入豌豆泥，拌匀即可。

营养师的悄悄话

海带含有丰富的钙和碘，是补碘的良好食材；豌豆含有丰富的淀粉、蛋白质、钾等营养素。

肉末蒸蛋

材料

猪肉末20克，蛋黄1个，植物油适量

做法

❶ 蛋黄打散，加入等量凉开水调匀。

❷ 油锅烧热，炒熟猪肉末。

❸ 蛋黄液中加入炒熟的猪肉末，上蒸锅蒸5~10分钟至熟即可。

营养师的悄悄话

鸡蛋是宝宝摄取优质蛋白质、卵磷脂、B族维生素等营养素的良好来源；猪肉中的铁属于血红素铁，易于被宝宝吸收。

银鱼山药羹

材料

山药50克，银鱼25克，青菜30克

做法

❶ 银鱼洗净；山药洗净，去皮，用料理机打成泥；青菜洗净，切成末。

❷ 锅中加水煮开后，放入银鱼煮熟。

❸ 倒入山药泥并搅拌均匀，煮开后放入切好的青菜末，煮熟即可。

营养师的悄悄话

银鱼含有丰富的优质蛋白、钙、硒等营养素；山药含有一定的淀粉，有利于为宝宝提供丰富的能量。

百宝豆腐羹

材料

嫩豆腐30克，鸡肉10克，香菇1朵，虾仁2个，菠菜1棵，核桃油少许

做法

❶ 将鸡肉、虾仁洗净剁成泥；香菇洗净，切丁；菠菜焯水后切末；嫩豆腐按压成泥。

❷ 锅中加水，煮开后放鸡肉泥、虾仁泥、香菇丁；再煮开后，放入豆腐泥和菠菜末，小火煮至熟，加入少许核桃油调匀即可。

营养师的悄悄话

百宝豆腐羹营养丰富，食材多样，鸡肉、虾仁与豆腐都含有宝宝生长发育所需要的优质蛋白质。

蛋白质 铁

蛋黄牛肉粥

材料

牛肉20克，大米30克，生鸡蛋黄1个，植物油适量

做法

❶ 大米洗净；牛肉洗净，剁成末。

❷ 油锅烧热，放入牛肉末，待变色后倒入适量水，放入大米。

❸ 待煮开后转小火继续煮40分钟，趁热加入打散的蛋黄液即可。

营养师的悄悄话

牛肉富含优质蛋白质、铁、锌等；蛋黄富含多种营养元素，其中的卵磷脂有助于宝宝大脑发育。

维生素A 蛋白质 钾

香菇鱼肉泥

材料

鱼肉30克，香菇2朵，植物油适量

做法

❶ 鱼肉洗净后去皮，去刺。

❷ 将鱼肉放入盘内，上锅蒸熟后将鱼肉捣烂成泥。

❸ 香菇洗净切成末，入油锅炒熟后，混合到鱼泥中即可。

营养师的悄悄话

鱼肉含有优质蛋白质、钾、DHA 等，还含有一定量的铁和锌。充足的蛋白质、铁、锌摄入，有利于提高机体免疫力，增强宝宝对疾病的抵抗能力。

苹果猕猴桃羹 

材料

苹果1/4个，猕猴桃1/2个

做法

❶ 苹果洗净，去皮去核后，切成小丁；猕猴桃去皮，切成丁。

❷ 将苹果丁放入锅内，加水大火煮沸，再转小火煮2分钟，出锅时加入猕猴桃丁即可。

营养师的悄悄话

猕猴桃富含维生素C，能促进宝宝对非血红素铁的吸收；苹果富含果胶、有机酸，加热后会增加酸味，促进宝宝食欲。

番茄肉末烂面条 

材料

宝宝面条30克，番茄1/2个，猪肉末20克，植物油适量

做法

❶ 番茄洗净用热水烫一下，去皮，捣成泥。

❷ 油锅烧热，炒熟猪肉末。

❸ 将宝宝面条放入锅中，煮沸后，放入番茄泥和熟猪肉末，煮熟后出锅即可。

营养师的悄悄话

番茄中含有一定的有机酸，能调动宝宝的食欲；面条软烂易消化，所含的碳水化合物可为宝宝提供丰富的能量。也可以把面条换成颗粒面。

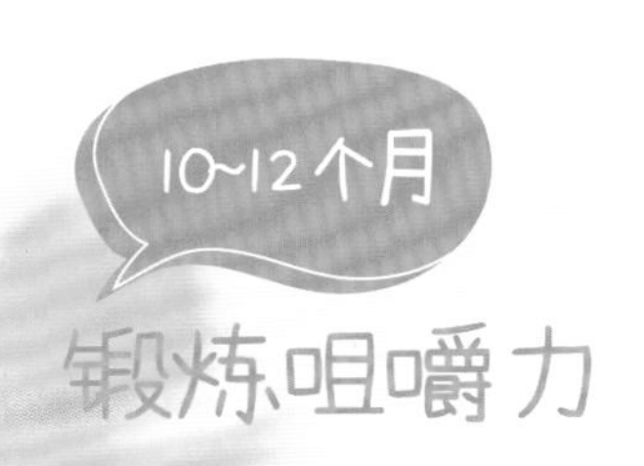

青菜软米饭

材料

大米、青菜各30克，无盐高汤适量

做法

❶ 大米洗净，加水，蒸成米饭；青菜择洗干净，切末。

❷ 将米饭放入锅内，加入适量高汤一起煮开，煮软后加青菜末继续焖煮5分钟，焖煮可使米饭更软烂，宝宝咀嚼更轻松。

营养师的悄悄话

宝宝到了一定月龄可以尝试软米饭，可以把大米、肉类、蔬菜搭配一起做，营养更均衡。也可以单独制作软米饭，让其抓着吃，有利于锻炼宝宝自主进食。

钙　碳水化合物　维生素C

青菜土豆肉末羹 10个月以上

材料

青菜3棵，土豆1/2个，猪肉末20克，干淀粉10克，植物油适量，芝麻油少许

做法

❶ 青菜洗净，切小段；土豆去皮洗净，切小丁。

❷ 油锅烧热，下猪肉末炒散，下土豆丁，炒5分钟。

❸ 锅中倒入适量水，加入炒好的猪肉末和土豆丁，煮开后，转小火煮10分钟，再倒入干淀粉搅拌均匀，然后放青菜段略煮，出锅前加芝麻油即可。

营养师的悄悄话

土豆富含碳水化合物、钾等营养素；青菜含有钾、钙、镁、维生素C和膳食纤维等。

时蔬浓汤

材料

番茄1个，绿豆芽50克，土豆1个，植物油适量

做法

❶ 绿豆芽洗净，切段；土豆、番茄分别洗净，去皮切丁。

❷ 油锅烧热，先将番茄和土豆炒一下，加水煮开后放入绿豆芽段，大火煮沸后，转小火，煮至熟烂即可。

营养师的悄悄话

土豆含有丰富的钾、淀粉等；番茄含有丰富的钾、番茄红素，所含的有机酸有利于刺激胃酸分泌，调动宝宝食欲。

山药鱼肉粥

材料

鱼肉30克，大米20克，山药25克

做法

❶ 大米洗净，浸泡30分钟。

❷ 鱼肉去刺去皮，切片；山药洗净去皮，切片。

❸ 大米、山药片入锅，加适量水煮成粥，再加入鱼肉片煮熟即可。

营养师的悄悄话

鱼肉富含优质蛋白，一定量的铁、锌。另外，鱼肉中还含有被俗称为“脑黄金”的DHA，有利于宝宝大脑发育。

DHA　蛋白质　膳食纤维

彩虹牛肉糙米饭

材料

糙米粉50克，牛肉25克，紫甘蓝10克，南瓜20克，四季豆15克

做法

❶ 牛肉煮熟煮烂后，打成肉泥备用。

❷ 紫甘蓝、南瓜、四季豆分别洗净，切末。

❸ 紫甘蓝末、南瓜末、四季豆末和牛肉泥中分别加入糙米粉。

❹ 将牛肉泥置于盘子底部，上面放蔬菜。将盘子放入蒸锅中，大火蒸20分钟至熟即可。

营养师的悄悄话

紫甘蓝富含植物化学物；牛肉富含优质蛋白质、铁、锌等；糙米粉的膳食纤维含量高于大米。彩虹牛肉糙米饭将谷类、肉类、蔬菜相结合，营养丰富且均衡。

南瓜牛肉汤

材料

南瓜、牛肉各50克，核桃油适量

做法

❶ 南瓜去皮洗净，切成小丁；牛肉洗净，切成小丁。

❷ 锅内放入适量水，放入牛肉丁，大火煮开，牛肉煮熟后放入南瓜丁煮熟，滴几滴核桃油即可。

营养师的悄悄话

南瓜含有一定的碳水化合物和丰富的胡萝卜素；牛肉富含蛋白质、铁、锌等。牛肉不易煮烂，可打成泥给宝宝食用。

碳水化合物　蛋白质　脂肪

萝卜虾泥馄饨

材料

馄饨皮15张，白萝卜、胡萝卜各20克，虾仁40克，鸡蛋1个，植物油、芝麻油各少许

做法

❶ 将白萝卜、胡萝卜、虾仁分别洗净，剁碎；鸡蛋取蛋黄，打成蛋黄液。

❷ 油锅烧热，下虾仁碎煸炒，再放入蛋黄液，划散后盛起晾凉。

❸ 把所有馅料混合，加少量植物油拌匀，包成馄饨，煮熟后加芝麻油调味。

营养师的悄悄话

馄饨皮薄，宝宝更易咀嚼，馅料荤素搭配，营养均衡。这道辅食富含碳水化合物、蛋白质、脂肪，可为机体提供丰富的营养物质。

蛋白质　胡萝卜素　钙

什锦软米饭

材料

鲜虾3个，番茄、西芹各10克，香菇、胡萝卜各15克，软米饭1小碗

做法

❶ 番茄、香菇洗净，去蒂切丁；胡萝卜、西芹分别洗净，切丁；鲜虾去壳，去虾线，洗净，剁成虾蓉。

❷ 把所有蔬菜加水煮熟，再加虾蓉煮熟，把此汤料淋在软米饭上即可。

营养师的悄悄话

虾富含优质蛋白和钙；胡萝卜中胡萝卜素含量丰富，可在体内转化成维生素A，维护宝宝视力；番茄则富含具有强抗氧化力的番茄红素。

什锦菜

材料

青菜30克，香菇2朵，金针菇20克，无盐高汤、植物油各适量

做法

❶ 青菜择洗干净，切小段；香菇、金针菇洗净，去蒂，切丁，焯熟。

❷ 油锅烧热，将青菜段、香菇丁、金针菇丁放入炒一下，加入高汤稍煮即可。

营养师的悄悄话

青菜含有丰富的钙、钾、镁、维生素C、膳食纤维；金针菇含丰富的烟酸。什锦菜将菌菇、蔬菜搭配在一起，营养更均衡。

黑米馒头

材料

面粉200克，黑米面50克，酵母3克

做法

❶ 面粉和黑米面混合；酵母放入100毫升左右水中，待完全溶解后，倒入黑米面粉中，和成面团。

❷ 待面团发酵后，制成馒头坯，入蒸锅蒸熟即可。

营养师的悄悄话

发酵的馒头容易消化吸收，且发酵过程中还会产生B族维生素。也可以将全谷类或杂粮做成面条或杂粮糊糊给宝宝吃。

蛋白质 DHA 锌

鳗鱼蛋黄青菜粥

材料

熟鳗鱼肉30克，大米50克，熟鸡蛋黄1个，青菜叶4片

做法

❶ 熟鳗鱼肉去刺，切片；青菜叶洗净，切碎；熟蛋黄捣碎；大米洗净，浸泡30分钟。

❷ 将大米放入锅中，加水煮粥，快熟时加入熟蛋黄碎、青菜碎和熟鳗鱼片，搅拌均匀，稍煮2分钟即可。

营养师的悄悄话

鳗鱼肉质细嫩，富含蛋白质、DHA、铁、锌、硒等营养素，每周可以给宝宝安排一次鳗鱼，有利于DHA的摄入，促进大脑发育。

钾 维生素C 膳食纤维

蔬菜水果沙拉

材料

香蕉1/2根，梨1/4个，橙子1/2个，卷心菜叶2片

做法

❶ 香蕉去皮切片；梨洗净，去皮去核，切薄片；橙子洗净，去皮去籽，切小丁。

❷ 卷心菜叶洗净，放入沸水中焯2分钟。

❸ 将所有水果铺在卷心菜叶上即可。

营养师的悄悄话

香蕉富含钾、镁等；橙子富含钾、维生素C、胡萝卜素等。蔬菜水果沙拉中含有丰富的膳食纤维和维生素，其中膳食纤维有利于宝宝的肠道通畅。

玉米红豆粥

材料

红豆20克，玉米粒30克，大米50克

做法

❶ 将红豆洗净，用温开水浸泡2~4小时。

❷ 玉米粒和大米淘洗干净。

❸ 将红豆、玉米粒和大米一同放入锅中，加水煮成粥，直到红豆煮烂开花即可。

营养师的悄悄话

玉米红豆粥富含碳水化合物、B族维生素等；玉米和红豆含有丰富的膳食纤维，对预防宝宝便秘有一定作用。根据实际情况可用辅食机打成末。

番茄鸡蛋面疙瘩

材料

面粉40克，番茄、鸡蛋各1个，芝麻油少许

做法

❶ 番茄洗净，去皮，切成小丁；鸡蛋取蛋黄，打散成蛋黄液；面粉放入大碗中，倒入适量水，用筷子拌匀成面疙瘩。

❷ 番茄丁放入锅中，倒入适量水，大火煮沸后放入面疙瘩，不停搅拌，再次煮沸后打入蛋黄液，出锅前淋上芝麻油即可。

营养师的悄悄话

番茄富含钾、胡萝卜素及有机酸等，其中胡萝卜素可在体内转化成维生素A。番茄鸡蛋面疙瘩容易制作且营养丰富。

什锦面

材料

面条30克，香菇3朵，胡萝卜、海带各10克，豆腐25克，芝麻油少许

做法

❶ 香菇、胡萝卜、海带分别洗净，切丝；豆腐洗净，切条。

❷ 面条放入水中煮熟，放入香菇丝、胡萝卜丝、海带丝和豆腐条稍煮，至海带煮软。

❸ 出锅前淋少许芝麻油调味。

营养师的悄悄话

什锦面所含的海带、豆腐与香菇，能提供丰富的蛋白质、碘和钙，由于推荐1岁以内的宝宝吃原味食物，因此适量安排海产品有利于碘的摄入。

鸡肉蛋卷

材料

鸡蛋1个，鸡肉50克，面粉、植物油各适量

做法

❶ 鸡肉洗净，蒸熟，剁成泥。

❷ 鸡蛋打到碗里，加适量面粉、水搅成面糊。

❸ 平底锅倒油烧热，然后倒入面糊，用小火摊成薄饼。

❹ 将薄饼放在盘子里，加入鸡肉泥，卷成长条即可。

营养师的悄悄话

鸡肉蛋卷含有丰富的蛋白质、铁、维生素A等，口感软糯，适合锻炼咀嚼力。日常可搭配其他蔬菜一起食用。

虾丸韭菜汤

材料

虾仁50克，鸡蛋1个，韭菜20克，干淀粉、植物油各适量

做法

❶ 虾仁洗净，剁成虾泥；韭菜洗净，切末；鸡蛋分离蛋黄与蛋清，蛋黄打散，蛋清与虾泥、干淀粉混合，搅成糊状。

❷ 油锅烧热，将蛋黄液摊成蛋饼，切丝。

❸ 另起一锅，放适量水，煮开后用小勺舀虾糊汆成虾丸，放蛋皮丝，再沸后，放韭菜末，略煮即可。

营养师的悄悄话

虾肉蛋白质含量很高，还含有丰富的硒、钙、钾等；韭菜富含膳食纤维，有利于促进宝宝胃肠蠕动，保持大便通畅。

南瓜红薯饭

材料

小米、南瓜、红薯各20克，大米30克

做法

❶ 大米、小米洗净后加水浸泡1小时；南瓜洗净削皮，切小丁；红薯洗净去皮，切小丁。

❷ 把泡好的大米、小米和南瓜丁、红薯丁放入电饭锅内，加适量水煮成米饭即可。

营养师的悄悄话

南瓜与红薯同煮，可为宝宝补充可溶性膳食纤维，适量的膳食纤维摄入有利于促进排便。

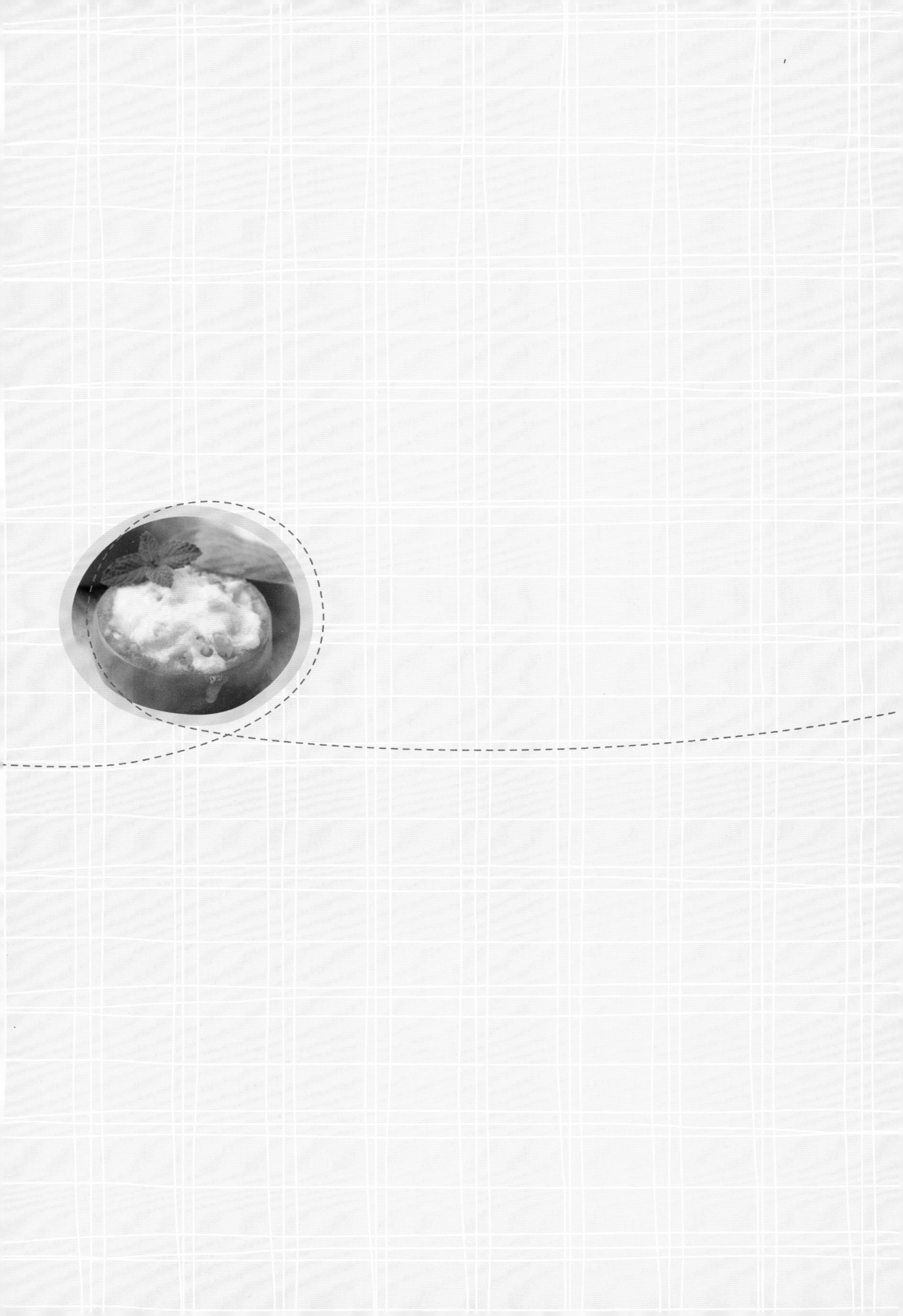

第三章

1~2岁：吃口“大人饭”

超实用的喂养知识

断了母乳的孩子，奶类不能断

1岁以后的孩子仍然提倡继续母乳喂养，所谓的母乳到了10个月以后就没有营养的说法是不靠谱的，世界卫生组织明确建议，可母乳喂养孩子到2岁以后。根据美国儿科学会的建议，如果要给孩子断母乳，起码等孩子1岁以后。

对于已经断母乳的幼儿，断母乳不等于断乳，乳类仍是孩子每天的饮食组成部分。这个时候，可以优先选择幼儿配方奶粉，但1岁以后的孩子可以喝纯奶了，也可以安排一定量的酸奶。

1~2岁的孩子，每天可以安排400~600毫升奶类，如果孩子饮食吃得少，奶量可以适量增加，如果饮食吃得不错，奶量可以适量减少。除此以外，还需要给孩子提供新鲜美味的营养餐，一般情况下，每日应为孩子安排3次正餐，另外根据孩子的具体情况安排2~3次加餐。

盐油味精，孩子要怎么吃才健康？

1岁以后，孩子的营养餐里可以少量加盐，以改善部分菜肴的口味。但盐的量应控制在1.5克以内，相当于黄豆粒那么大。如果孩子愿意吃原味食物，还可以继续吃，但应注意富含碘的食物摄入，如海带、紫菜等。

如果孩子摄入太多的盐分，会养成“重口味”的不良饮食习惯，持续的高盐饮食会增加成年后患高血压的风险。家长可采用“餐时加盐”的方法，即在菜起锅时加盐，这样盐只会附着在菜的表面，只需少量盐就能达到调味的目的。但是，1岁以后的孩子会尝试家庭食物，家庭食物制作时也应该清淡低盐，这样有利于控制孩子的盐摄入量。

植物油中含有一定的脂溶性维生素，如维生素E，所以，家长在烹饪孩子的三餐时应选择植物油，而不是荤油。1~2岁幼儿，每天应摄入5~15克植物油。

植物油种类很多，包括大豆油、花生油、菜籽油、橄榄油、芝麻油、亚麻籽油、核桃油等，每种油的脂肪酸构成不同，营养素也不同，建议优先给孩子选择富含 α－亚麻酸的核桃油、亚麻籽油、大豆油，而花生油、橄榄油、芝麻油、玉米油等几乎不含 α－亚麻酸。

而对于一些口味较重的调味料，比如味精、沙茶酱、黄豆酱等，大多数含钠较多，过量食用会增加孩子的肾脏排泄负担，建议尽量不要给孩子食用。

因此，给孩子提供营养丰富的三餐，选择合适的植物油，并控制钠盐的摄入量，让孩子从婴幼儿时期就养成清淡的口味，会给孩子一生的健康饮食打下良好基础。

对于孩子，水果不是多多益善

虽然水果中富含多种维生素、矿物质以及膳食纤维，但如果孩子吃太多水果会影响正餐的摄入，从而减少蛋白质和脂肪的摄入量，影响孩子正常的生长发育。所以，建议孩子每天的水果量在50~150克，一个猕猴桃大约100克，3个鲜枣50~60克。

这些水果易过敏，孩子吃要注意

水果富含维生素C、钾、镁、可溶性膳食纤维等营养素，也含有一定量的碳水化合物、有机酸、天然植物香味等，是很适合孩子选用的食物之一。

但是在选择水果时，要注意这些容易引发过敏的水果，如芒果、菠萝、火龙果等热带水果。孩子首次食用这些水果时，妈妈们要注意观察孩子有无过敏性皮疹等过敏现象，如果有出现须立即停止食用，等孩子大些了，再试着食用这类水果。

果汁不等于水果，1~2岁的孩子不能多喝

通常情况下，果汁不够健康，营养价值也不及水果。直接摄入水果能带来更大的健康效应，比起喝果汁，吃水果能获得更多的维生素C、抗氧化物质、膳食纤维等。

摄入过量果汁会增加龋齿的风险，部分孩子喝果汁还会出现腹泻，1~2岁的孩子每天摄入的纯果汁量不宜超过120毫升。

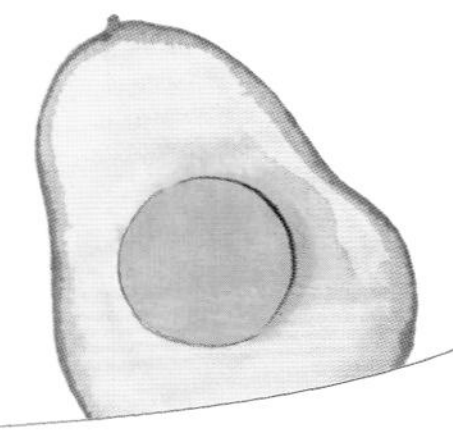

常吃过于软烂食物会影响口腔和牙齿发育

孩子的牙齿发育和咀嚼能力的发育并不完全是“水到渠成”的，而是需要通过为孩子选择合适的食物来进行咀嚼训练。孩子一开始添加的辅食都是从泥糊状开始的，此时孩子往往会直接吞咽，后面需要不断给孩子提供手指食物来训练咀嚼和吞咽能力。如果在孩子1岁后还一直只吃泥糊状食品，就会影响孩子的咀嚼能力以及口腔和牙齿发育。

健康零食是孩子成长中的好伙伴

零食是指正餐以外的一切小吃，如小饼干、蛋糕、水果等。适当的零食是必要的，因为1岁以后的孩子胃容量小，新陈代谢旺盛，每餐进食后很快被消化，所以要适当补充一些零食。但零食补充也要讲究方式方法。

选择口味淡的零食： 糖、盐含量多的大人零食一般不要给孩子食用。一旦孩子习惯了浓重的口味，就不容易再接受口味淡的食物，过多的盐还会给肾脏造成不小的排泄负担。

选择可以锻炼孩子咀嚼能力的食物： 需要充分咀嚼的食物会促进孩子的牙齿成长，有助于细细咀嚼习惯的养成，增加进食的满足感。

零食要选对且适量： 好的零食是三餐营养的补充，可以选择水果、酸奶、全麦面包、全麦饼干等作为零食。

不要把别人家孩子的进食量当作标准

孩子的饮食有个体差异，有的食量大，有的食量小，这是因为每个孩子的自身需求不同。所以，家长们千万不要把别人家孩子的进食量当作进食标准，要尊重孩子的个体差异。

对于食量小的孩子，很多家长会担心营养跟不上，从而影响生长发育。一般情况下，孩子的食量会根据年龄的增长渐渐增加，只要孩子有食欲、不挑食、体格发育正常，就不要过于担心。

无论孩子食量大小，家长都必须保证其能获得丰富的营养，尤其要注重优质蛋白质的摄取，合理安排膳食，让孩子茁壮成长。如果孩子食欲低下、发育缓慢或落后等，需要重视，必要时及时咨询医生。

再爱吃也不能贪吃，小心孩子“吃伤了”

爱吃的东西要适量吃，否则再好的食物吃太多也可能会有害健康。特别是对食欲很好的孩子，家长一定要控制好食物份量，否则孩子可能会“吃伤了”，导致消化不良或呕吐。

每顿饭给孩子的食物品种要丰富一些，量不要太多，这样能够保证营养均衡且各种食物都不过量。

最后，家长别忘了提醒孩子细嚼慢咽，这样营养才能更好地被身体吸收，而且也能及时产生饱腹感，防止孩子食用过量。

孩子不好好吃饭，原因可能在家长

孩子不认真吃饭甚至“躲避吃饭”的原因有很多，部分原因在于大人没给孩子养成良好的吃饭习惯，比如：

1. 没有安排好三餐和加餐的时间。
2. 孩子根本不饿，但做父母的非要让孩子吃。
3. 过分的去喂食，剥夺孩子自己吃饭的机会和兴趣。

必须纠正的坏习惯：边吃边玩

孩子不好好吃饭、边吃边玩的坏习惯必须要及时纠正。一定要让孩子养成坐在餐椅上吃饭的习惯，不随便离开座位。一旦离开座位，妈妈不要用玩具、电视逗引，也不要边追边喂。让孩子饿一点，下一顿自然会吃得更好。

孩子边吃饭边喝水好吗?

吃饭时是否可以喝水，始终存在着争议。

主张进餐时喝水的人认为：如果吃的食物很干，难以下咽，就需要同时吃些稀的东西。其实这就是我们常说的"干稀搭配"。这样的饮食模式很正常，并没有人因此患上消化不良或营养不良。但如果一顿饭只吃干食的话，有时候孩子就会不愿意吃，而且还可能噎到孩子。

主张进餐时不要喝水的人认为：吃饭时喝水会冲淡唾液、胃液和肠液等消化液，降低其消化作用；另外，用汤或水把食物泡软后再吃，会影响孩子咀嚼功能的锻炼，并不利于刺激口腔分泌唾液及淀粉酶；还有，大量地喝水会挤占孩子胃部空间，让孩子进食量减少。

其实，在给孩子提供饮食时不要采用极端的方案，可以适量喝水，或用少量菜卤拌饭，这个时候孩子吞咽能力还不如成人，饭菜相对需要软烂一些。凡事都需把握好"度"，恰到好处就是最好的。

白开水是最好的饮料

孩子也需要水分的补充。给孩子喂水需少量多次，不要等孩子渴了才喂，这样有利于保证孩子体内水平衡。许多家长认为甜饮料有营养，就让甜饮料代替了白开水。其实甜饮料中所含的高糖会增加孩子肥胖的风险。所以，应该让孩子养成喝白开水的习惯。

孩子“含饭”，多半是不会咀嚼

1~2岁的孩子在吃饭时常常喜欢把饭含在嘴里，不嚼也不咽，俗称“含饭”。有时候是因为孩子吞咽能力不足，或者孩子吃饭不专心，因此导致食物长时间含在嘴里。对于“含饭”的孩子，爸爸妈妈不能大声呵斥，要保持耐心，慢慢训练孩子的咀嚼能力。比如让孩子跟着自己学习怎样咀嚼，从而引导其更快地改正“含饭”的习惯。

孩子不爱吃饭，最好的开胃药是饥饿

孩子不爱吃饭最焦虑的总是父母。其实，当孩子对吃饭兴致不足时，妈妈此时不要强迫喂食，不妨适当“饿一饿”，等孩子饥饿的时候自然会好好吃饭，并逐渐养成正常进食的规律和习惯。

适当的饥饿感是孩子最好的开胃药，吃饭的欲望会让孩子懂得吃饭的意义，这样才会真正爱上吃饭。但部分孩子食欲不佳是某些疾病导致的，需要重视。

不必追求每一餐都营养均衡

1岁多的孩子开始表现出对某种食物的偏好，也许今天吃得很多，明天只吃一点儿。父母不必为此过分担心，也不必过于刻板地追求每餐或每天都营养均衡，只要在一周内给孩子提供尽可能丰富多样的食品，达到总体营养均衡，让孩子能够摄取充足的营养，来满足机体需要就可以了。当然，如果每餐都荤素搭配，营养相对均衡，更有利于身体健康。

奶香山药燕麦粥

材料

牛奶150毫升，速溶燕麦片、山药各50克

做法

❶ 山药洗净，去皮切小块。

❷ 将一定的水倒入锅中，放入山药块，用小火煮，边煮边搅拌，至山药煮熟，加入牛奶、燕麦片煮成粥即可。

碳水化合物　蛋白质　膳食纤维　铁

营养师的悄悄话

牛奶富含优质蛋白质和钙；燕麦含有丰富的碳水化合物、铁、膳食纤维等，丰富的膳食纤维有利于缓解孩子便秘，促进排便。如果宝宝对牛奶蛋白过敏，可做成山药燕麦粥。

虾仁蝴蝶面

材料

蝴蝶面30克，土豆1/4个，胡萝卜1/2根，香菇2朵，虾仁2~4只，植物油适量

做法

❶ 将土豆去皮洗净，切丁；胡萝卜洗净，切丁；香菇洗净，切成片；虾仁洗净。

❷ 将土豆丁、胡萝卜丁、香菇片和虾仁下入油锅炒熟。

❸ 锅中加水烧开，放入蝴蝶面，煮熟放入大盘中，摆上土豆丁、胡萝卜丁、香菇片和虾仁即可。

营养师的悄悄话

虾仁蝴蝶面富含碳水化合物、蛋白质、钙、铁等营养素，食材丰富，营养均衡。

家常鸡蛋饼

材料

鸡蛋1个，面粉50克，植物油适量

做法

❶ 鸡蛋打散，倒入面粉，加适量水调匀。

❷ 平底锅中倒油烧热，慢慢倒入面糊，摊成饼，小火慢煎。

❸ 待一面煎熟，翻过来再煎另一面至熟即可。

营养师的悄悄话

家常鸡蛋饼含丰富的碳水化合物、蛋白质、卵磷脂以及多种维生素和微量元素，可作为孩子的主食。还可以在鸡蛋饼里加少量蔬菜，做成鸡蛋菜饼，营养更丰富。

碳水化合物　碘

海苔小饭团

材料

米饭1碗，海苔适量

做法

❶ 将米饭揉搓成圆饭团。

❷ 将海苔搓碎，撒在饭团上即可。

营养师的悄悄话

海苔富含碘、硒、铁等营养素，有利于为孩子补碘，和米饭同食，还能增添风味。

碳水化合物　铁　蛋白质

香菇肉丝汤面

材料

面条30克，猪肉丝25克，青菜1棵，干香菇3朵，淀粉、蛋清、盐、虾皮、植物油各少许

做法

❶ 干香菇提前泡发，切片；猪肉丝洗净，加淀粉和蛋清腌制；青菜洗净切段，焯熟。

❷ 油锅烧热，下猪肉丝煸炒至变色，再放入香菇片翻炒，放入盐，炒熟盛出。

❸ 面条煮熟盛入碗内，把虾皮、青菜和炒好的香菇肉丝均匀地覆盖在面条上即可。

营养师的悄悄话

香菇肉丝汤面荤素搭配，营养丰富。其中猪肉含有蛋白质、脂肪、铁、锌等成分；香菇和青菜能提供一定的膳食纤维。

丝瓜牛肉拌饭

材料

牛里脊肉、丝瓜各30克，洋葱、胡萝卜、大米、小米各20克，植物油适量

做法

❶ 把大米和小米煮成二米饭。

❷ 丝瓜、胡萝卜分别洗净，去皮切丁；牛里脊肉、洋葱分别洗净，切丝。

❸ 油锅烧热，放入洋葱丝炒香，加入胡萝卜丁、丝瓜丁、牛肉丝，再拌入二米饭，加水焖煮至收汁即可。

营养师的悄悄话

牛肉中含有丰富的蛋白质、铁、锌等营养素，但牛肉不容易烂，可用蛋清、淀粉腌一下。丝瓜是夏季时令蔬菜，可以适时给孩子吃。

杂粮水果饭团

材料

香蕉1/2根，火龙果1/4个，紫米20克，红豆10克，大米50克

做法

❶ 紫米、大米、红豆分别洗净，提前泡4小时以上，放入锅中煮熟成杂粮软饭，也可用电高压锅煮。

❷ 火龙果、香蕉分别剥皮，切成小丁备用。

❸ 将煮好的杂粮饭平铺在手心，放入火龙果丁、香蕉丁，捏成可爱的饭团即可。

营养师的悄悄话

杂粮水果饭团富含膳食纤维和维生素，可促进胃肠蠕动，使排便通畅。这个阶段的孩子摄入紫米、红豆等全谷类食物，需要煮得很软很烂。

玉米肉末炒面

材料

细面条40克，猪肉末30克，鲜玉米粒20克，植物油适量

做法

❶ 玉米粒与面条一起放到沸水里煮熟后，捞起晾凉。

❷ 油锅烧热，放入猪肉末，翻炒片刻，盛出。

❸ 锅中留底油，放入面条炒匀，加入玉米粒、猪肉末，翻炒均匀即可。

营养师的悄悄话

面条含有丰富的碳水化合物；猪肉可为孩子补充优质蛋白质；玉米中含有膳食纤维，有利于预防孩子便秘。妈妈可以将玉米粒切碎，孩子吃起来会更安全轻松。

手卷三明治

材料

吐司2片，芦笋2根，鲜虾2只，沙拉酱少许

做法

❶ 吐司去边，压平；鲜虾剥壳，去虾线，取虾仁，入沸水中汆熟，剁碎；芦笋洗净，切段，入沸水中焯熟。

❷ 吐司抹上沙拉酱，依次放上虾仁肉、芦笋，卷好后切小段。

营养师的悄悄话

芦笋含有丰富的膳食纤维、维生素C；鲜虾富含蛋白质、钙。这款手卷三明治荤素搭配，可以避免过高的能量，更加营养健康。

蛋包饭

材料

培根2片，鸡蛋黄2个，米饭1碗，豌豆、玉米粒、胡萝卜、面粉、盐、植物油各适量

做法

❶ 玉米粒、豌豆洗净；胡萝卜洗净，切丁；培根切丁备用。

❷ 油锅烧热，下培根丁、玉米粒、胡萝卜丁、豌豆煸炒片刻后，倒入米饭炒匀，加盐调味后盛出。

❸ 鸡蛋黄加面粉、水搅匀后，在油锅上摊成蛋皮，盛上炒好的米饭，四边叠起即可。

营养师的悄悄话

蛋包饭食材多样，有利于为孩子提供丰富的营养素。妈妈可以将玉米粒、豌豆切碎，孩子吃起来会更安全轻松。

白菜猪肉水饺

材料

饺子皮10张，白菜30克，猪肉末50克，植物油适量

做法

❶ 白菜择洗干净，剁成末。

❷ 将白菜末与猪肉末混合，加点植物油（如芝麻油或亚麻籽油）拌匀，用饺子皮包成小饺子。

❸ 锅内加水煮沸，下饺子煮熟后盛入盘中即可。

营养师的悄悄话

水饺的烹调方法比较健康。其中猪肉能为孩子提供优质的蛋白质和铁、锌等营养素，白菜含一定的膳食纤维。

鸡肉卷

材料

鸡胸脯肉50克，鸡蛋2个，面粉、盐、植物油各适量

做法

❶ 鸡胸脯肉洗净，切成末，加适量盐搅拌均匀成鸡肉馅，放入锅中炒熟备用。

❷ 鸡蛋打散，加适量面粉、水搅拌成鸡蛋糊。

❸ 油锅烧热，倒入鸡蛋糊摊平，凝固后倒入炒熟的鸡肉馅，用锅铲从一边卷成鸡肉卷。

❹ 将鸡肉卷煎至两面金黄，切小段。

营养师的悄悄话

鸡胸脯肉含有丰富的优质蛋白质，还含有一定的铁、锌等；鸡蛋中含有丰富的卵磷脂、脂溶性维生素A、B族维生素等。

鸡汤小馄饨

材料

虾仁末50克，鸡蛋1个，馄饨皮、香菜碎、虾皮、鸡汤、盐、植物油各适量

做法

❶ 鸡蛋加盐打散，入油锅摊成蛋皮，盛出切丝。

❷ 虾仁末加盐拌成馅，包成馄饨。

❸ 鸡汤煮沸，下馄饨煮熟盛出，撒上鸡蛋丝、虾皮、香菜碎即可。

营养师的悄悄话

虾仁肉质松软易于消化，除了含钙量高外，还含有丰富的铁，有利于预防孩子缺铁性贫血。

大米红豆饭

材料

大米50克，红豆30克，白芝麻、黑芝麻各适量

做法

❶ 红豆洗净，浸泡；黑芝麻、白芝麻炒熟。
❷ 将红豆捞出，放入锅中，加入适量水煮开，转小火煮至熟烂。
❸ 将大米淘洗干净，与煮熟的红豆一起放入电饭锅，加水煮饭。煮好后拌入炒熟的黑芝麻、白芝麻即可。

营养师的悄悄话

红豆含较多的膳食纤维，可以预防孩子便秘；芝麻中钙与铁含量丰富。

番茄奶酪三明治

材料

吐司、生菜叶、奶酪各2片，番茄1/2个

做法

❶ 吐司切边；生菜叶洗净，焯熟；番茄洗净，切片。
❷ 在一片吐司上依次铺上奶酪、番茄片、生菜叶、奶酪，盖上另一片吐司，对角切开即可。

营养师的悄悄话

奶酪是牛奶浓缩的精华，属于高钙食物，且磷、钾、镁等各类矿物质含量也不低。

阳春面

材料

面条50克，洋葱片、高汤、葱花、蒜末、植物油各适量

做法

❶ 锅中倒油烧热，放入洋葱片，用小火煸炒出香味，变色后捞出，盛出洋葱油。

❷ 面条放入沸水中煮熟，捞出，加入高汤、洋葱油，撒上葱花、蒜末即可。

营养师的悄悄话

阳春面可以提供丰富的碳水化合物，洋葱含有丰富的膳食纤维。另外，吃阳春面的同时还可以搭配适量肉蛋类或蔬菜。

黑芝麻花生粥

材料

黑芝麻10克，花生仁、大米各20克

做法

❶ 大米洗净；黑芝麻炒香；花生仁洗净，去皮，浸泡10分钟。

❷ 将大米、花生仁一同放入锅内，加水煮至大米、花生熟透。

❸ 出锅后加入炒香的黑芝麻即可。

营养师的悄悄话

黑芝麻与花生中都含有不饱和脂肪酸。妈妈可以把花生剁碎煮粥，不仅味道更香，孩子吃得也更安全。

土豆奶香盒

材料

土豆1个，胡萝卜1/2根，玉米粒50克，春卷皮、盐、植物油、葱花各适量

做法

❶ 春卷皮蒸熟，晾凉；土豆洗净，去皮，煮熟捣成泥；胡萝卜洗净，切成丁。

❷ 油锅烧热，加胡萝卜丁、玉米粒炒熟盛出，加盐、葱花与土豆泥拌匀成馅。

❸ 将土豆泥裹入春卷皮中，切小段食用。

营养师的悄悄话

土豆含有钾、碳水化合物等营养素；玉米粒含有丰富的碳水化合物、膳食纤维。玉米不容易消化，家长可以打碎后给孩子食用。

胡萝卜素　膳食纤维　碳水化合物

五彩肉蔬饭

材料

鸡胸脯肉丁50克，胡萝卜1/2根，鲜香菇4朵，豌豆、大米、盐各适量

做法

❶ 胡萝卜洗净，切丁；鲜香菇洗净，切碎；大米、豌豆洗净备用。

❷ 将大米放入电饭锅中，加入鸡胸脯肉丁、胡萝卜丁、鲜香菇碎、豌豆，加入适量盐与水，煮熟即可。

营养师的悄悄话

五彩肉蔬饭荤素搭配，营养全面。鸡胸脯肉含有丰富的蛋白质、铁、锌、硒等，胡萝卜富含胡萝卜素。

碳水化合物　蛋白质　胡萝卜素

虾仁西蓝花

材料

西蓝花、虾仁各50克，圣女果3个，鸡蛋1个，植物油适量，盐少许

做法

❶ 鸡蛋取蛋清；虾仁洗净，加入蛋清调匀；西蓝花洗净，掰成小朵，放入沸水中焯熟；圣女果洗净，切成两半。

❷ 油锅烧热，倒入西蓝花、圣女果翻炒均匀，倒入裹好蛋清的虾仁炒熟，调入盐，炒均即可。

蛋白质　铁　胡萝卜素　钾　钙　维生素C

营养师的悄悄话

虾仁富含优质蛋白质、钙、铁等，西蓝花含有丰富的胡萝卜素、维生素C、钙、膳食纤维等。虾仁、西蓝花都可以作为补钙食材。

木耳炒山药

材料

山药1/2根，黑木耳5朵，青椒片、红甜椒片、蚝油、盐、植物油各适量

做法

❶ 山药去皮，洗净切片，入开水锅焯熟；黑木耳用温水泡发，洗净。

❷ 油锅烧热，加山药片、青椒片、红甜椒片翻炒。

❸ 加入黑木耳继续翻炒至熟，加蚝油、盐调味即可。

营养师的悄悄话

黑木耳含有丰富的非血红素铁，还含有一定的膳食纤维。山药含有丰富的碳水化合物、钾等营养素。木耳要泡软，以便于孩子咀嚼吞咽。

蛤蜊蒸蛋

材料

蛤蜊5个，虾仁2个，鸡蛋1个，香菇3朵，盐少许

做法

❶ 蛤蜊用盐水浸泡，待其吐净泥沙，放入沸水中烫至蛤蜊张开，取肉切碎待用；虾仁、香菇洗净切丁。

❷ 鸡蛋打散，将蛤蜊碎、虾仁丁、香菇丁放入鸡蛋中拌匀，一起隔水蒸15分钟即可。

营养师的悄悄话

蛤蜊含有蛋白质、钙、铁、硒、锌等多种营养素，其中铁、硒含量非常丰富，硒具有抗氧化、增加免疫功能、促进生长等作用。

钙 蛋白质 硒 铁

虾仁豆腐

材料

北豆腐50克，虾仁5~10个，植物油适量，盐少许

做法

❶ 北豆腐洗净，切丁；虾仁洗净。

❷ 油锅烧热，放虾仁炒熟，再放豆腐丁同炒，加少量水煮熟，放盐调味即可。

营养师的悄悄话

虾仁和豆腐都含有丰富的蛋白质和钙，每100克北豆腐中的钙含量达到164毫克，是补钙的良好食材。充足的钙有利于孩子骨骼的生长和牙齿的健康。

钾 维生素C 膳食纤维

茄汁菜花

材料

菜花1小棵，番茄1个，盐、植物油各适量，番茄酱少许

做法

❶ 番茄洗净，去皮切块；菜花洗净，掰成小朵，入沸水焯熟。

❷ 油锅烧热，加入番茄酱翻炒出香味，放入菜花、番茄块，翻炒至番茄出汁，大火收汁，加盐调味即可。

营养师的悄悄话

菜花含有丰富的维生素C，充足的维生素C摄入，有利于增加孩子的抵抗力。菜花中还含有膳食纤维，有利于预防孩子便秘。

炒五彩玉米

材料

黄瓜1/2根，玉米粒、胡萝卜、松子仁、植物油、蒜末、盐各适量

做法

❶ 黄瓜洗净，切丁；胡萝卜洗净，去皮切丁；将玉米粒、胡萝卜丁放入沸水中焯熟。

❷ 油锅烧热，下蒜末炒香，倒入松子仁翻炒片刻。

❸ 加入黄瓜丁、玉米粒、胡萝卜丁，大火炒熟，加盐调味即可。

营养师的悄悄话

玉米富含不可溶性膳食纤维，可以促进孩子肠道蠕动。玉米配上黄瓜丁、松子仁与胡萝卜丁，颜色鲜艳，营养丰富。

蛋白质　胡萝卜素　膳食纤维

肉末茄子

材料

猪瘦肉20克，茄子50克，蒜末、植物油、盐各适量

做法

❶ 猪瘦肉洗净，剁成末；茄子洗净去皮，切小丁。

❷ 油锅烧热，投入蒜末炝锅，下肉末煸炒，肉末变色后把茄子丁放入同炒，加盐烧至入味即可。

营养师的悄悄话

猪肉富含优质蛋白质和铁，可为孩子补铁，预防贫血。紫茄子富含花青素，花青素具有抗氧化作用。

蛋白质　铁　锌　钾

麻汁豆角

材料

豇豆100克，芝麻酱2汤匙，芝麻油、植物油、盐各适量

做法

❶ 豇豆洗净，切段，放入加了植物油、盐的沸水中焯熟，过凉水，捞出沥干。

❷ 芝麻酱中加凉开水，用筷子顺一个方向搅拌，搅拌到芝麻酱稀稠适中。

❸ 在稀释的芝麻酱中加入少许芝麻油与盐搅拌均匀，淋在豇豆上即可。

营养师的悄悄话

豇豆含有钙、维生素C以及丰富的膳食纤维，有利于预防孩子便秘。淋上香香的芝麻酱，还能补钙。幼儿食用需要煮得软烂些或切成丁。

鸡肝拌菠菜

材料

菠菜3棵，鸡肝50克，海米、盐各适量

做法

❶ 菠菜洗净，切段，焯熟后沥水；鸡肝洗净，切薄片，入沸水中煮熟。

❷ 将菠菜放入碗内，放入鸡肝片、海米，再加入盐调味，搅拌均匀即可。

营养师的悄悄话

鸡肝富含铁、维生素A等，丰富的铁能预防孩子缺铁性贫血。建议每周给孩子吃1~2次肝类。

鸡蓉豆腐球

材料

鸡腿肉30克，豆腐50克，胡萝卜末适量

做法

❶ 鸡腿肉、豆腐分别洗净，剁成泥，与胡萝卜末混合搅拌均匀。

❷ 将鸡蓉豆腐泥捏成小球，放入锅中，隔水蒸20分钟即可。

营养师的悄悄话

鸡肉中含有丰富的蛋白质、铁，有利于孩子生长发育；豆腐是补钙的良好食材，有利于孩子骨骼和牙齿的发育。

时蔬鱼丸

材料

鱼丸6个，洋葱1/2个，胡萝卜1/2根，西蓝花1小棵，盐、酱油、植物油各适量

做法

❶ 洋葱、胡萝卜分别洗净去皮，切丁；西蓝花洗净，掰成小朵备用。

❷ 油锅烧热，倒入洋葱丁、胡萝卜丁，翻炒至熟，加水烧沸，放入鱼丸、西蓝花，煮熟后加盐、酱油调味。

营养师的悄悄话

西蓝花含有丰富的钙、维生素C与膳食纤维等。维生素C有利于增强机体抵抗力，促进非血红素铁的吸收；丰富的膳食纤维有利于促进肠道蠕动，预防便秘。

虾仁炒春笋

材料

虾仁、春笋各50克，香菇2朵，植物油、葱花、盐各适量

做法

❶ 香菇去蒂，洗净切丁；春笋剥壳，去皮，去老根，洗净切片；虾仁洗净。

❷ 锅内加水煮沸，放入虾仁、春笋片煮熟，沥水备用。

❸ 油锅烧热，爆香葱花，放入春笋片、香菇丁、虾仁翻炒，加盐调味，翻炒均匀即可。

营养师的悄悄话

春笋中膳食纤维比较丰富，可预防孩子便秘；虾仁中含有丰富的蛋白质和钙。

炒三丝

材料

猪瘦肉50克，黑木耳30克，黄甜椒1个，盐、植物油各适量

做法

❶ 黑木耳清水泡发，洗净切丝；黄甜椒洗净，切丝；猪瘦肉洗净切丝。

❷ 油锅烧热，放入猪肉丝翻炒至变色，再将黑木耳丝、黄甜椒丝放入炒熟，加盐调味即可。

营养师的悄悄话

甜椒中丰富的维生素C，有利于促进人体对黑木耳中铁的吸收，充足的维生素C还有利于维护孩子的机体免疫力。

胡萝卜炒鸡蛋

材料

鸡蛋1个，胡萝卜1/2根，植物油、盐各适量

做法

❶ 胡萝卜洗净，去皮切丝；鸡蛋打入碗中，加盐打散。

❷ 油锅烧热，放入胡萝卜丝，炒至胡萝卜丝变软。

❸ 另起油锅，将鸡蛋液倒入锅中，快速划散成鸡蛋碎。

❹ 将炒好的鸡蛋倒入有胡萝卜丝的锅中，翻炒几下即可。

营养师的悄悄话

鸡蛋富含蛋白质、卵磷脂和多种微量元素。适量食用胡萝卜，有利于补充胡萝卜素。

香煎三文鱼

材料

三文鱼50克，姜末、盐、植物油各适量

做法

❶ 三文鱼处理干净，用姜末、盐腌制。

❷ 热锅倒油，放入腌制入味的三文鱼，两面煎熟即可。

营养师的悄悄话

三文鱼富含DHA，是补充DHA的良好食材，有利于为孩子的大脑和视力发育提供营养基础。

时蔬排骨汤

材料

排骨200克，玉米1根，山药1/2根，胡萝卜丁、姜片、盐各适量

做法

❶ 排骨洗净，剁成小段，入开水锅焯至变色后捞出；玉米洗净，切段；山药去皮洗净，切厚片备用。

❷ 锅中加适量水，放入排骨段、玉米段、姜片大火烧开后，转小火熬至排骨熟烂，加山药片、胡萝卜丁煮熟，再加适量盐调味即可。

营养师的悄悄话

排骨汤含有一定的饱和脂肪，喝起来比较香，但喝汤的同时记得吃肉。家长可以把排骨上的肉弄成小块给孩子吃。

蛋白质　胡萝卜素　淀粉

胡萝卜豆腐蛋汤

材料

豆腐1块，胡萝卜1/2根，鸡蛋1个，鸡汤1碗，盐适量

做法

❶ 鸡蛋打散成蛋液；胡萝卜、豆腐分别洗净，切成丁。

❷ 鸡汤倒入锅中，煮开后放胡萝卜丁、豆腐丁，再煮开后，倒入鸡蛋液划散成蛋花，出锅前加盐调味即可。

营养师的悄悄话

豆腐属于高蛋白食物，炒菜、做汤都很美味。在胡萝卜豆腐蛋汤中加入鸡汤，味道会更鲜美。

银耳绿豆汤

材料

银耳1朵，莲子5颗，枸杞10颗，绿豆1小碗，冰糖适量

做法

❶ 莲子去心，洗净；绿豆提前浸泡2小时；银耳泡发后撕成小朵；枸杞洗净。

❷ 锅中放适量水，放入绿豆、莲子煮熟。

❸ 放入银耳、枸杞煮至银耳软烂，加适量冰糖调味。

营养师的悄悄话

绿豆属于杂粮，富含蛋白质、B族维生素、膳食纤维等。夏季孩子出汗多，水分损失大，可用银耳绿豆汤来补充营养和水分。

胡萝卜牛肉汤

材料

牛肉50克，胡萝卜1/2根，番茄2个，盐适量

做法

❶ 牛肉焯水后切小丁；番茄洗净，去皮切丁；胡萝卜洗净，切丁。

❷ 将牛肉丁、番茄丁放入锅中，加水大火煮开后炖10分钟，转小火炖1个小时，再加胡萝卜丁炖至软烂，加盐调味即可。

营养师的悄悄话

牛肉富含蛋白质、铁、锌等营养素，但不容易煮烂，可以增加煮制时间或提前用蛋清、淀粉腌制一下。

锌 铁 碳水化合物

花生红枣汤

材料

花生仁50克，红枣5颗，糖适量

做法

❶ 红枣、花生仁洗净，浸泡1小时；红枣去核切片。

❷ 锅中加适量水，放入花生仁、红枣片，大火煮开，转小火熬至花生仁软烂，加糖调味即可。

营养师的悄悄话

花生与红枣同煮，味道更好，但汤里面的营养是有限的，仅可以给孩子补水，不能作为营养补充。

胡萝卜鱼丸汤

材料

青菜2棵，鱼肉50克，海带20克，胡萝卜1/2根，盐、芝麻油各适量

做法

❶ 鱼肉剔除鱼刺，去皮，剁成泥，制成鱼丸；青菜择洗干净，用开水焯一下，剁碎；胡萝卜洗净去皮，切成丁；海带洗净，切碎。

❷ 锅内加入适量水，放入海带碎、胡萝卜丁煮软，再加青菜、鱼丸煮熟，加盐、芝麻油调味即可。

营养师的悄悄话

鱼肉除了富含优质蛋白，还含有一定的DHA。每周可以给孩子安排1~2次鱼类。

双色菜花汤

材料

西蓝花、菜花各1小棵，海米15克，盐、植物油、高汤、芝麻油各适量

做法

❶ 海米提前泡软；西蓝花、菜花分别洗净，掰成小朵，焯熟，捞出备用。

❷ 油锅烧热，下海米翻炒，加入适量高汤烧开后，放入焯烫好的西蓝花、菜花，再次煮开后加盐、芝麻油调味即可。

营养师的悄悄话

西蓝花中的维生素C达到51毫克/100克，钙达67毫克/100克。菜花中的维生素C比西蓝花还高，达61毫克/100克。

山药南瓜汤

材料

山药、南瓜各50克

做法

❶ 山药、南瓜分别削皮切块。

❷ 锅内倒入清水，放入山药和南瓜，大火烧开后转小火，继续煮20分钟，至山药和南瓜软烂。

营养师的悄悄话

山药南瓜汤在给孩子补充水分的同时还可补充能量。山药属于薯类，含有丰富的淀粉、钾等，南瓜富含钾和胡萝卜素。

蘑菇鹌鹑蛋汤

材料

蘑菇50克，鹌鹑蛋5个，青菜2棵，植物油、盐各适量

做法

❶ 蘑菇洗净，切丁；青菜洗净，切成小段；鹌鹑蛋煮熟，去壳。

❷ 油锅烧热，放入蘑菇煸炒，然后加入清水，煮开后放入青菜段、鹌鹑蛋再煮3分钟，加盐调味即可。

营养师的悄悄话

鹌鹑蛋含有丰富的优质蛋白以及维生素A、B族维生素。蘑菇含有丰富的膳食纤维和少量的微量元素。

海带鱼丸汤

碘 蛋白质

材料

鸡蛋1个，白菜叶2片，鱼肉50克，海带20克，胡萝卜1/2根，土豆1/2个，干淀粉适量，葱花、芝麻油、盐各少许

做法

❶ 鱼肉去除鱼刺、鱼皮，剁成泥，加入干淀粉、鸡蛋清拌匀制成鱼丸；白菜叶洗净，剁碎；海带洗净，切丝；胡萝卜、土豆分别洗净，去皮切丁。

❷ 锅内加水，放入海带丝、胡萝卜丁、土豆丁煮软，再放入白菜碎、鱼丸煮熟，撒上葱花，加盐，滴几滴芝麻油即可。

营养师的悄悄话

海带能够补充碘，碘有利于促进孩子身体和智力发育。

胡萝卜猪肉汤

铁 胡萝卜素

材料

胡萝卜100克，猪瘦肉50克，盐、植物油各适量

做法

❶ 猪瘦肉洗净，切丁，焯水；胡萝卜洗净，切成小块。

❷ 油锅烧热，加入猪瘦肉炒至六成熟，然后加入胡萝卜块同炒，倒入清水，小火煮至食材熟烂，加盐调味即可。

营养师的悄悄话

猪瘦肉、牛肉等红肉是补铁的良好食材，但不宜过量食用。

芥菜干贝汤

材料

芥菜50克，干贝5~7个，盐、芝麻油各适量

做法

❶ 芥菜洗净，切段；干贝用温开水提前浸泡，入沸水锅煮软，捞出。

❷ 锅中加清水，加入芥菜段、干贝肉，稍煮入味，最后放入盐、芝麻油调味即可。

营养师的悄悄话

干贝属于高蛋白食材，还含有丰富的锌、铁、硒等微量元素。芥菜含有丰富的钙、钾等营养素。

鸭血豆腐汤

材料

豆腐、鸭血各1小块，菠菜、盐、葱花各适量

做法

❶ 鸭血、豆腐分别洗净，切成小块；菠菜洗净后焯水，切碎。

❷ 锅内倒入适量清水，放入鸭血、豆腐、盐同煮，10分钟后加菠菜碎略煮，出锅前撒上葱花即可。

营养师的悄悄话

鸭血所含的铁是血红素铁，吸收率高，是孩子补铁的良好食材，每周可以给孩子安排1~2次。

红薯甜汤

材料

红薯1个

做法

❶ 红薯洗净，去皮，切丁。

❷ 锅中加适量水，放入红薯丁，大火煮开后，转小火炖至红薯软烂即可。

营养师的悄悄话

红薯中含有一定的膳食纤维，有利于增强肠道蠕动，缓解便秘症状。

芦笋鸡丝汤

材料

芦笋、鸡肉各50克，金针菇20克，鸡蛋1个，芝麻油、盐各适量

做法

❶ 鸡蛋取蛋清；鸡肉洗净，切末或丝，加入蛋清与盐拌匀，腌20分钟；芦笋洗净，沥干，切段；金针菇去根，撕开，洗净，沥干。

❷ 锅中放入清水，加鸡肉丝、芦笋段、金针菇同煮至熟，出锅前淋芝麻油即可。

营养师的悄悄话

芦笋含有丰富的维生素C、膳食纤维，有利于预防便秘。制作时可以把芦笋、金针菇切碎，以防孩子嚼不动。

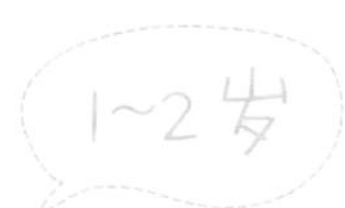

营养三餐推荐

套餐一

早餐	加餐	午餐	加餐	晚餐
小花卷	奶200毫升	大米小米饭	奶200毫升	番茄鸡蛋面
青菜瘦肉粥	猕猴桃3片	土豆炒鸡肉		橙子2片
		蘑菇番茄汤		

小花卷

材料

面粉250克，芝麻酱20克，酵母、盐各适量

做法

❶ 面粉内加入酵母、水和匀，揉成软硬适度的面团，放温暖湿润处发酵；芝麻酱加盐拌匀。

❷ 将发好的面团擀成长方片，抹上芝麻酱，卷成卷，用刀切成相等的段，然后将每两段叠起拧成花卷坯。

❸ 将做好的花卷生坯放进锅里，大火隔水蒸15分钟即可。

青菜瘦肉粥

材料

大米30克，猪肉末20克，青菜3棵，植物油、盐各适量

做法

❶ 将大米熬成粥；青菜洗净，切段。

❷ 油锅烧热，倒入猪肉末炒散，再倒入青菜段炒熟。

❸ 将猪肉末和青菜倒入粥内，加盐调味即可。

土豆炒鸡肉

材料

土豆、鸡肉各50克，胡萝卜、香菇各10克，植物油、盐、淀粉各适量

做法

❶ 胡萝卜、土豆分别洗净，去皮切块；香菇洗净，切片；鸡肉洗净，切丁，用淀粉腌10分钟。

❷ 油锅烧热，放入鸡丁翻炒，再放入胡萝卜块、土豆块、香菇片，加适量水，煮至土豆绵软，加盐调味即可。

蘑菇番茄汤

材料

蘑菇3朵，番茄1个，高汤1碗，香菜适量

做法

❶ 蘑菇洗净，切片，焯水；番茄洗净，去皮，切片。

❷ 锅内倒入高汤，烧开后放蘑菇片和番茄片同煮，加少许香菜装饰即可。

番茄鸡蛋面

材料

细面条30克，鸡蛋、番茄各1个，盐、葱花、植物油各适量

做法

❶ 鸡蛋加盐打散成蛋液；番茄洗净，切小丁。

❷ 油锅烧热，下葱花炒香，下蛋液炒散，加入番茄丁翻炒至出汁，加水煮开。

❸ 另起一锅烧开水，下面条煮熟盛入碗中，浇上炒好的番茄鸡蛋即可。

套餐二

早餐	加餐	午餐	加餐	晚餐
萝卜丝肉包	奶200毫升	扬州炒饭	奶200毫升	猪肉虾仁馄饨
绿豆南瓜粥	苹果1/2个	虾仁豆腐羹		香蕉1/2根
		三文鱼蒸蛋		

萝卜丝肉包

材料

猪肉、白萝卜各100克，面粉250克，酵母、盐各适量

做法

❶ 将面粉加温水、酵母和好，揉匀成面团，放温暖湿润处发酵。

❷ 猪肉洗净，剁成肉馅，加盐拌匀；白萝卜切丝，与猪肉混合，制成馅料。

❸ 面团切小块，擀成圆片，将馅料放入圆片中间，收边捏紧，制成包子生坯后放入锅中隔水蒸熟即可。

绿豆南瓜粥

材料

南瓜、大米各20克，绿豆10克

做法

❶ 绿豆洗净，用水浸泡；大米洗净。

❷ 南瓜去皮，切成薄片。

❸ 将绿豆、大米、南瓜放入锅中，加适量水煮成粥。

扬州炒饭

材料

米饭1/2碗，鸡蛋1个，胡萝卜、黄瓜各1/4根，虾仁20克，植物油、盐各适量

做法

❶ 鸡蛋打散，加米饭搅匀；胡萝卜、黄瓜分别洗净，切丁；虾仁洗净。

❷ 油锅烧热，放入虾仁滑炒，炒熟后盛出备用。

❸ 另起油锅烧热，加入黄瓜丁、胡萝卜丁翻炒片刻，再倒入米饭翻炒，最后倒入炒好的虾仁，加盐翻炒均匀。

虾仁豆腐羹

材料

虾仁30克，青豆20克，鸡汤1碗，嫩豆腐1盒，胡萝卜1/4根，葱花、盐、水淀粉、植物油、芝麻油各适量

做法

❶ 胡萝卜去皮，切丁；虾仁洗净；嫩豆腐切块。

❷ 油锅烧热，爆香葱花，放入胡萝卜丁、虾仁、青豆翻炒，加鸡汤、盐调味。

❸ 放入嫩豆腐块翻炒，大火收汤，加水淀粉勾芡，淋上芝麻油即可。

猪肉虾仁馄饨

材料

馄饨皮10张，猪瘦肉30克，虾仁5个，白菜叶3片，香菇2朵，芝麻油适量

做法

❶ 白菜叶洗净切碎；香菇洗净切丁。

❷ 猪瘦肉洗净，与虾仁共同剁碎，与白菜碎、香菇丁混合，加入芝麻油做馅，包入馄饨皮中。

❸ 锅内加水，煮沸后放入馄饨煮熟即可。

套餐三

早餐	加餐	午餐	加餐	晚餐
西葫芦饼 ▸	奶200毫升	大米燕麦饭	奶200毫升	鱼香肉丝 ▸
豆腐脑	火龙果3片	素三丝 ▸		枸杞鸡蛋羹 ▸
		青菜鱼丸汤		枣莲三宝粥 ▸

西葫芦饼

材料

鸡蛋1个，面粉50克，西葫芦1/2个，盐、植物油各适量

做法

❶ 西葫芦洗净，切成细丝；鸡蛋打散成蛋液，加入面粉、西葫芦丝、盐、适量水搅拌成面糊状。

❷ 油锅烧热，慢慢倒入面糊，摊成饼，小火慢煎。

❸ 将西葫芦饼煎至两面金黄后，盛出切小块即可。

素三丝

材料

土豆50克，海带20克，植物油、盐、红甜椒丝、黄甜椒丝各适量

做法

❶ 海带洗净，切丝；土豆洗净，去皮切丝。

❷ 油锅烧热，放入土豆丝、海带丝、红甜椒丝、黄甜椒丝炒熟。

❸ 出锅前加盐调味即可。

鱼香肉丝

材料

黑木耳2朵，猪里脊肉、竹笋、胡萝卜各50克，葱花、水淀粉、盐、醋、酱油、植物油各适量

做法

❶ 黑木耳、竹笋、胡萝卜分别洗净，切丝；猪里脊肉洗净，切丝，加入盐、醋腌制。

❷ 用盐、醋、水淀粉、酱油、葱花调和成料汁。

❸ 油锅烧热，加肉丝炒至白色，放入胡萝卜丝、竹笋丝、黑木耳丝大火炒熟，倒入料汁，翻炒均匀即可。

枸杞鸡蛋羹

材料

鸡蛋1个，枸杞、芝麻油各适量

做法

❶ 枸杞洗净；鸡蛋取蛋黄打散成蛋黄液。

❷ 蛋黄液加枸杞及适量水搅匀，上锅隔水蒸3~5分钟，最后滴几滴芝麻油即可。

枣莲三宝粥

材料

绿豆20克，大米30克，莲子、红枣各5颗，红糖适量

做法

❶ 绿豆、大米淘洗干净；莲子洗净；红枣洗净，去核。

❷ 将绿豆和莲子放入带盖的容器，加适量开水闷泡1小时。

❸ 将泡好的绿豆、莲子放入锅中，加适量水烧开，再加入红枣和大米，小火煮至豆烂粥稠，加红糖调味即可。

第四章

3~6岁：该学会独立用餐啦

科学饮食很重要

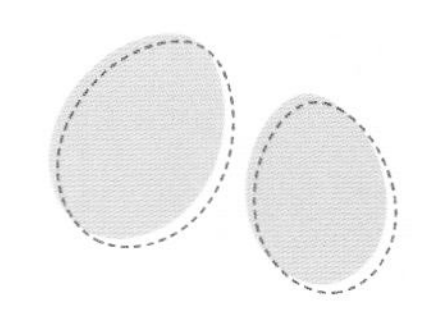

鱼、禽、蛋、瘦肉，常吃才能长得好

优质蛋白是维持孩子正常生长发育的必要营养素，家长必须要保证每日营养餐中富含优质蛋白食物所占的比重，所以纯素的饮食模式不适合正处于快速生长发育期的儿童。

几乎所有的动物性食物中都富含优质蛋白，而在植物性食物中，只有黄豆及其制品中的蛋白质可以与动物蛋白相媲美，但也不能完全代替动物性蛋白，所以鱼、禽、蛋、瘦肉，常吃才能长得好。

3~6岁的孩子每天可以安排1个鸡蛋、相当于一个鸡蛋重的畜类肉或禽类肉；每周吃2次鱼虾或吃1~2次动物内脏，以满足孩子健康成长的需求。如果孩子不吃鸡蛋，则需要增加肉类、鱼虾或豆制品的摄入。

五谷杂粮都要吃

为孩子选择五谷杂粮是很有必要的。从营养角度来说，粗粮比精米、精面中含有更多的维生素和矿物质；粗粮中的膳食纤维有助于孩子的肠胃蠕动。

对于2岁以后的孩子，家长要注重全谷类和杂豆在主食中的比重。当然，从安全角度来说，糙米中含的砷比白米可能更高，如果吃糙米应尽量选择有机的。

对于3岁以后的孩子，主食中的全谷类可以占1/3左右，例如早餐可以吃全麦面包，中午可以白米饭加煮玉米，晚上可以吃杂粮饭或杂粮粥，也可以吃白米饭搭配点煮红豆。

牛奶每日不能少

牛奶中富含优质蛋白和钙，每100克牛奶中含蛋白质3克、钙104毫克，蛋白质可以从鸡、鸭、鱼、肉中获得，但牛奶可以为孩子提供丰富的钙。3岁以后每天可保持300~400毫升的纯奶。

让“无肉不欢”的孩子爱上蔬菜

研究显示，随着孩子月龄的增加，挑食的孩子所占比例也有所上升，其中不喜欢吃蔬菜的孩子人数最多。但蔬菜为孩子提供的营养素又是其他食物所不能完全替代的，那如何让孩子爱上蔬菜呢？

让孩子熟悉各种蔬菜的味道：从孩子添加辅食开始，就要逐步引入多样化的食物，让孩子尝试不同的食材，包括蔬菜。婴儿期接受的食物种类越多，越有利于降低孩子今后挑食偏食的发生概率。培养孩子爱吃蔬菜的习惯要从添加辅食就开始。

调整进食顺序：孩子在有一定饥饿感的状态下比较容易接受家长所给的食物，因此对于不爱吃蔬菜的孩子，就餐时可以给孩子先吃蔬菜。

在食物制作上下功夫：从口味、颜色入手，让孩子对蔬菜产生兴趣。另外，孩子的咀嚼能力有限，蔬菜一定要尽量切碎。

变换花样，耐心尝试：孩子不爱吃一种新添加的蔬菜时，千万不要灰心，可以隔几天再次尝试。另外，孩子接受新鲜事物需要过程，不可操之过急，强迫孩子进食可能会造成孩子对该种食物的厌恶。

家长示范，随时鼓励：父母为孩子做榜样，带头多吃蔬菜，并表现出很好吃的样子。不要在孩子面前议论自己不爱吃什么菜，什么菜不好吃之类的话题，以免对孩子产生误导。多跟孩子讲吃蔬菜的好处，如吃蔬菜可以使身体更结实、更健康，孩子吃了以后要及时鼓励表扬。

和其他食物掺杂在一起：如果孩子一时不接受蔬菜，可以把蔬菜和其他食物掺在一起喂给孩子，让蔬菜悄悄进入孩子的食谱中。

通过努力，如果孩子仍然不接受某类蔬菜，就不要过分勉强孩子去吃，毕竟可供选择的蔬菜很多，不需要每种蔬菜都得让孩子接受，大人可能也有几种自己不喜欢吃的蔬菜或某种食材。

孩子长得太胖要控制

有的孩子食量很大，在3岁以后很容易变胖，原因就是孩子在接触美味食物时自控力差，而父母又常常担心营养缺乏，总是想让孩子多吃点。父母的心情可以理解，但如果长此以往，就会出现父母不希望看到的结果——肥胖儿。

父母可以逐步调整有肥胖倾向孩子的饮食，例如，如果孩子喝甜饮料比较多，就要控制甜饮料的摄入，如果孩子吃肉太多就要控制肉的摄入。但值得注意的是，饮食能量需要控制，但孩子的饮食安排需要合理，避免让孩子过分饥饿；也不能单纯为了减轻孩子的体重而忽视了摄入营养的均衡，使得孩子出现营养不良的情况。

除了在饮食上适当控制，爸爸妈妈还要让孩子多参加户外运动，在阳光明媚的时候，多带孩子一起去公园散步或外出踏青。

需要提醒的是，暑假期间，一定要安排好孩子的生活，有的孩子因为暑假里饮食不规律、活动少就胖了起来。

家有“小胖墩”，这样喂养更科学

有研究表明，早期的儿童肥胖很容易导致成人肥胖的发生。而要预防肥胖，就得从孩子每日营养餐抓起。如果家里的孩子有向“小胖墩”发展的趋势，妈妈一定要注意喂养的科学性，避免把孩子越喂越胖。

甜食和脂肪摄入过多，是3~6岁孩子变成“小胖墩”的主要原因之一。在饼干、蛋糕、奶油、巧克力等孩子爱吃的甜食中，都含有较高的糖分或脂肪，当运动量不足或是消化吸收能力跟不上时，身体就会将多余的糖分自动转化为脂肪，或直接将脂肪储存起来，导致孩子发胖。因此，给“小胖墩”限制甜食、高脂肪饮食是家长的首要任务。其次，活泼好动的孩子能量消耗较大，适当吃些零食来补充体力是合理的，但对于“小胖墩”们，家长可以用新鲜水果来代替甜食。

从预防肥胖上来说，孩子的主食当中最好有1/3为全谷类，如果已经超重或肥胖了，全谷类主食应占1/2以上。

另外，家里炒菜用油应适量，如果炒菜太油，也会增加孩子肥胖的风险。

别让零食影响孩子吃正餐

中国营养学会最新发布的《学龄前儿童膳食指南》中是这样说的:“零食对学龄前儿童是必要的，对补充所需营养有帮助。”

所以，对于孩子来说，吃零食既可以补充正餐摄入的不足，也可以为孩子带来进食的乐趣。不过，即使是健康零食，如果家长不注意喂养的相关原则，就会给孩子的正餐带来困扰。因此家长要对以下几点多加关注。

零食的时间：在正餐前1.5~2小时，这样就不会影响正餐的摄入，同时也为孩子补充了能量和营养。

零食的种类：选择零食要健康有营养，最好是三餐营养的补充。可选择的零食种类包括全麦面包、烤红薯、煮玉米、不加糖的纯牛奶、水果、坚果等。

零食的量：吃零食要讲究少量和适度的原则。在食用量上零食不能超过正餐，而且吃零食的前提是孩子感到饥饿的时候。一般孩子每次零食的热量可控制在80~100千卡，大致相当于130毫升酸奶或20克奶粉或1个小鸡蛋或1个苹果的量。

零食的次数：孩子每日的零食并不是想什么时候吃就什么时候吃，一般每日2~3次是比较合理的。

不建议为孩子选用的零食：糖果，甜饮，油炸制品，加工的红肉，含大量反式脂肪酸的糕点，过咸的食品，不够新鲜及过度加工的食品(如罐头、整个果冻等)。

多吃蔬菜防龋齿

蔬菜中含有大量的膳食纤维，适量多吃蔬菜能使孩子的牙齿、下颌肌肉得到锻炼，有利于清除留存在嘴里和牙齿上的食物残渣。

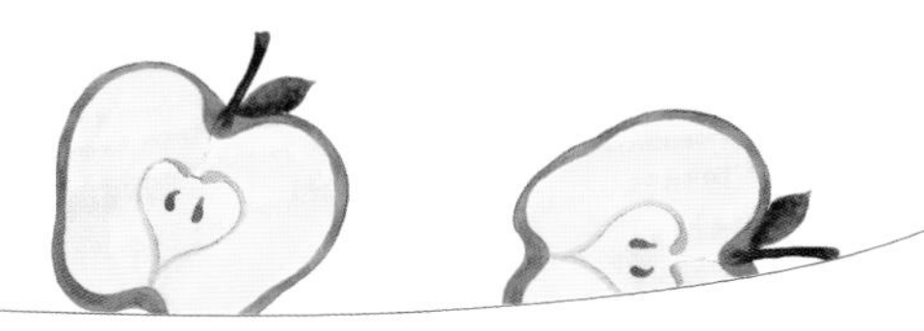

西式快餐要少吃

西式快餐，我们通常也称它为洋快餐。由于洋快餐餐厅环境整洁明快、气氛活泼，洋快餐又具有方便快捷、口味时尚等特点，因此受到了年轻人特别是孩子们的追捧。有些孩子把洋快餐作为家常便饭，三天两头地要吃。

从营养和健康的角度来说，洋快餐要少吃。绝大多数的洋快餐都较多地使用了油炸或烧烤的加工方式，如炸鸡块、烤鸡翅等；同时还有很多的甜品，如各种“派”、饮料、冰激凌、奶昔等，这些都属于高能量、高脂肪、高糖的食物，会增加儿童肠胃的消化负担。

西式快餐中蔬菜很少，人体必需的一些维生素、矿物质和膳食纤维的含量都较低。经常或过量吃这类食物会造成孩子体重超标或肥胖，甚至造成血脂、血糖、血压超标，而且孩子一旦吃惯洋快餐，就很难接受味道清淡的健康食物。

所以要想较好地控制住洋快餐的食用，必须“从娃娃抓起”，从小培养孩子良好的饮食习惯及口味，尽量少吃洋快餐，只把它们作为偶尔的调剂。

夏季饮食应注意卫生

炎热的夏季，我们经常会吃一些常温食物或冷饮，但如果不够卫生，就有可能会患上腹泻。所以，为了预防感染性腹泻的发生，饭菜要彻底加热，不要给孩子吃剩饭剩菜，水果要清洗干净，能去皮的去皮。

孩子可能会对冷饮着迷，但有的冷饮可能会有致病菌超标的风险，家长一方面要控制其食用量，另一方面可以用酸奶等来作为冷饮。

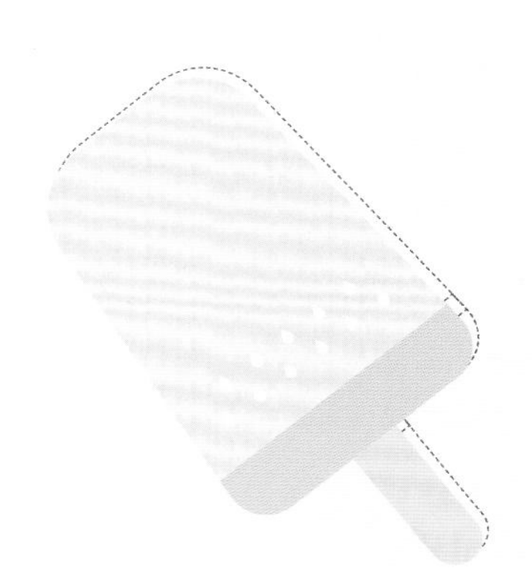

与婴幼儿时期相比，学龄前儿童的生长速度开始减慢，各器官持续发育并逐渐成熟。家长在保证孩子生长发育所需的足够营养外，还要注意帮助孩子建立良好的饮食习惯，为其一生的健康膳食模式奠定坚实的基础。

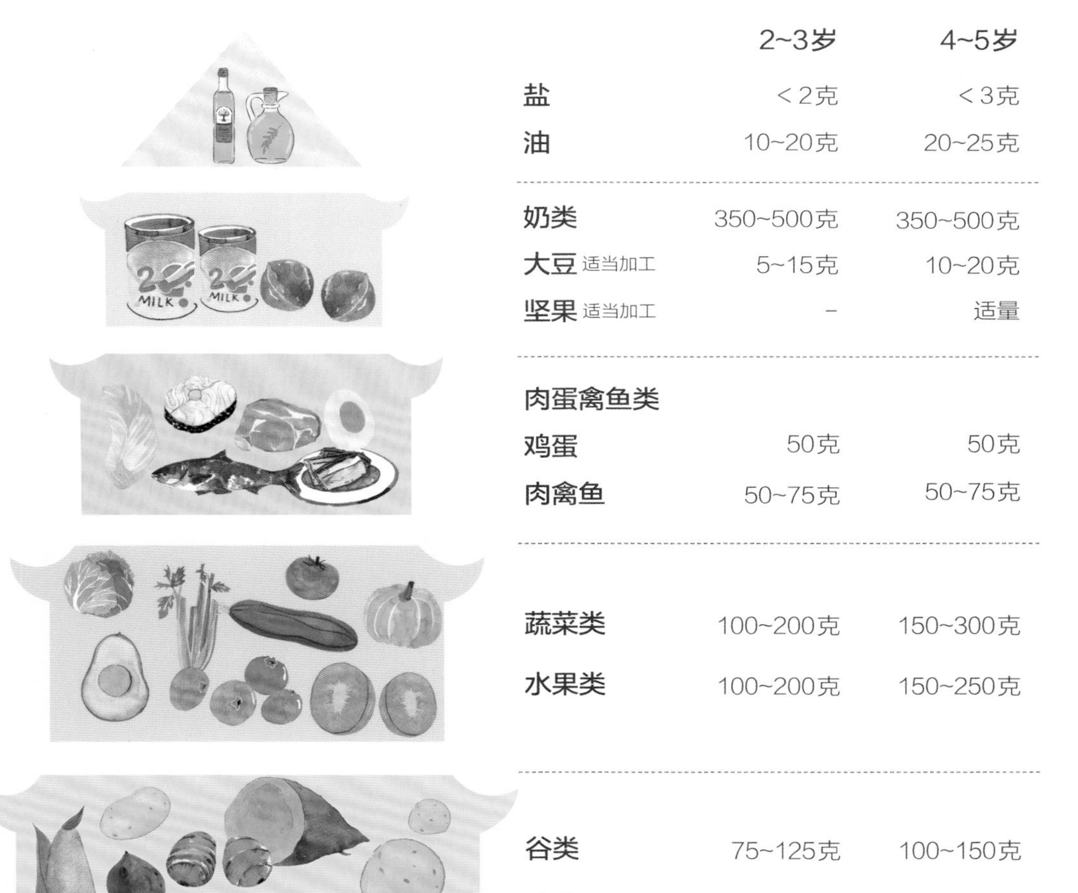

	2~3岁	4~5岁
盐	＜2克	＜3克
油	10~20克	20~25克
奶类	350~500克	350~500克
大豆 适当加工	5~15克	10~20克
坚果 适当加工	-	适量
肉蛋禽鱼类		
鸡蛋	50克	50克
肉禽鱼	50~75克	50~75克
蔬菜类	100~200克	150~300克
水果类	100~200克	150~250克
谷类	75~125克	100~150克
薯类	适量	适量
水	600~700毫升	700~800毫升

中国学龄前儿童平衡膳食宝塔（参考资料来源：中国营养学会妇幼分会）

香煎米饼

材料

米饭100克，鸡肉50克，鸡蛋2个，葱花、盐、植物油各适量

做法

❶ 米饭搅散；鸡肉洗净，剁碎；鸡蛋打匀备用。

❷ 米饭中加入鸡肉碎、鸡蛋、葱花和盐搅拌均匀。

❸ 炒锅倒入油摇晃均匀，将搅拌好的米饭平铺，小火加热至米饼成形，翻面后继续煎1~2分钟即可。

营养师的悄悄话

香煎米饼将米饭、鸡肉和鸡蛋相结合，含有丰富的碳水化合物、脂肪和蛋白质。作为主食，可以偶尔给孩子尝试，但不宜多吃。

蛋白质　碳水化合物　卵磷脂

番茄牛肉羹

材料

牛肉50克，番茄2个，胡萝卜1/2根，洋葱20克，水淀粉、植物油、盐、芝麻油各适量

做法

❶ 牛肉洗净，切小块；番茄、胡萝卜、洋葱分别洗净，切小丁。

❷ 锅中放油，下牛肉块炒一下，再加入番茄丁、胡萝卜丁和洋葱丁炒1~2分钟，加适量水，大火煮开后改小火炖，至牛肉软烂，倒入水淀粉，煮开后加入盐，滴几滴芝麻油即可。

营养师的悄悄话

牛肉可以补充优质蛋白质、铁、锌等；胡萝卜富含胡萝卜素，能在体内转化成维生素A；番茄中的有机酸则能引起食欲、帮助消化。

面包比萨

材料

全麦面包2片，胡萝卜1/4根，奶酪30克，黄瓜、玉米粒、番茄酱各适量

做法

❶ 胡萝卜、黄瓜洗净，切丁；玉米粒焯熟。

❷ 全麦面包切边，挤上适量番茄酱。

❸ 放上胡萝卜丁、黄瓜丁、玉米粒，再铺上奶酪。

❹ 烤箱预热200℃，烤10分钟至奶酪熔化，面包片微微变黄即可。

营养师的悄悄话

全麦面包比白面包含有更多的B族维生素和膳食纤维；奶酪属于高钙食品，可以为孩子补钙。

蛋煎馒头片

材料

馒头1个，鸡蛋2个，植物油、熟黑芝麻各适量

做法

❶ 馒头切片，鸡蛋打散成蛋液备用。

❷ 馒头片均匀裹上蛋液，平底锅倒入植物油烧热，放入馒头片，煎至两面金黄，撒上熟黑芝麻即可。

营养师的悄悄话

鸡蛋含有卵磷脂、蛋白质、维生素A等营养元素，变着花样做鸡蛋，有利于调动孩子的胃口。

咸蛋黄馒头粒

材料

馒头1个，鸡蛋1个，植物油、熟咸蛋黄各适量

做法

❶ 馒头切成丁，放入打散的鸡蛋液中，让馒头丁裹上蛋液；熟咸蛋黄碾碎备用。

❷ 油锅烧热，放入裹上蛋液的馒头丁，炒至金黄盛出。

❸ 将炒好的馒头丁与碾碎的熟咸蛋黄混合均匀。

营养师的悄悄话

馒头切小块便于孩子拿着吃，咸蛋黄馒头粒更容易调动孩子的食欲，可以作为主食或零食。

奶酪三明治

材料

吐司、生菜叶各2片，番茄1个，奶酪、火腿各适量

做法

❶ 生菜叶洗净，焯熟；番茄洗净，切片；奶酪、火腿分别切片。

❷ 在一片吐司上依次铺上生菜、番茄片、奶酪、火腿片，再盖上另一片吐司，斜切两半即可。

营养师的悄悄话

奶酪是含钙量较高的食材，可以适量食用。火腿属于加工红肉，可偶尔食用，也可以把火腿换成煎鸡蛋或干切牛肉。

三鲜水饺

材料

猪肉末200克，虾仁10个，韭菜1把，饺子皮、姜末、葱花、盐、酱油各适量

做法

❶ 将韭菜、虾仁分别洗净，切成碎末。

❷ 碗中倒入猪肉末、虾仁末、韭菜末，加入葱花、姜末、盐和酱油搅拌均匀，做成馅。

❸ 饺子皮上放适量肉馅，依次包成饺子后下锅煮熟。

营养师的悄悄话

虾仁含优质蛋白质与钙，有利于孩子体格发育与骨骼生长；韭菜含有丰富的膳食纤维，有利于预防便秘。

香菇蛋黄烩饭

材料

米饭100克，熟鸡蛋黄1个，胡萝卜20克，香菇3朵，蒜苗30克，植物油、盐各适量

做法

❶ 米饭打散；熟鸡蛋黄按压成泥；胡萝卜、香菇、蒜苗分别洗净，切小丁。

❷ 油锅烧热，放入鸡蛋黄翻炒出香味，加入胡萝卜丁、香菇丁、蒜苗丁，翻炒均匀。

❸ 加入米饭，炒至饭粒松散，加盐调味即可。

营养师的悄悄话

蛋黄富含优质蛋白、卵磷脂、维生素A，胡萝卜富含胡萝卜素，可在体内转化成维生素A。维生素A具有维持视力、增加呼吸道和消化道黏膜抗感染能力。

胡萝卜素 B族维生素 碳水化合物

香甜糯米饭

材料

糯米50克，板栗3颗，干香菇2朵，胡萝卜1/4根，芝麻油、豌豆、盐各适量

做法

❶ 糯米、豌豆分别洗净；板栗去壳，切丁；胡萝卜去皮，洗净，切丁；干香菇泡发，洗净，切丁备用。

❷ 糯米放入锅中，加适量水煮开，加入豌豆、板栗丁、胡萝卜丁、香菇丁煮熟，加入适量盐和芝麻油调味即可。

营养师的悄悄话

糯米与板栗都富含碳水化合物，但板栗含有一定的维生素C、胡萝卜素等，属于含脂肪较低的坚果。

山药三明治

材料

吐司2片，山药1根，玉米粒50克，沙拉酱、培根、植物油各适量

做法

❶ 山药去皮洗净，切片；玉米粒洗净；培根切碎。

❷ 将山药片上蒸锅隔水蒸熟，压成泥。

❸ 油锅烧热，炒熟玉米粒、培根碎，与山药泥混合成山药馅，放凉备用。

❹ 吐司抹上沙拉酱，铺上一层山药馅，盖上另一片吐司，切开即可。

营养师的悄悄话

玉米粒属于粗粮，含有丰富的膳食纤维。山药三明治食材多样，营养丰富，粗细搭配，也可作为孩子的日常零食加餐。

碳水化合物　蛋白质

山楂冬瓜饼

材料

山楂5颗，牛奶、冬瓜、面粉、盐、植物油各适量

做法

❶ 山楂洗净，去核，切碎；冬瓜去皮，去瓤，洗净，切成丝。

❷ 将面粉、山楂碎、冬瓜丝混合在一起，加适量牛奶、盐，搅拌均匀成面糊。

❸ 油锅烧热转小火，倒入面糊，用锅铲摊平，两面煎至金黄，盛出切块即可。

营养师的悄悄话

山楂含有丰富的果糖、维生素C与有机酸，有机酸有利于增强孩子的食欲。

胡萝卜素　有机酸　碳水化合物

莲子百合粥

材料

莲子、干百合各30克，大米50克

做法

❶ 干百合洗净，泡发；莲子、大米洗净，浸泡30分钟。

❷ 将莲子与大米放入锅内，加入适量水同煮至熟，放入百合片，煮至软烂即可。

营养师的悄悄话

莲子营养价值高，但注意煮软煮烂，以便于孩子咀嚼消化。

猪肉包

材料

面粉250克，猪肉末200克，酵母3克，酱油、葱花、盐各适量

做法

❶ 面粉加水、酵母揉成面团，发酵备用；猪肉末中加盐、酱油、葱花拌匀。

❷ 将面团分成小剂子，擀成圆皮，包入猪肉馅，二次发酵10分钟。

❸ 将包子坯放入蒸锅中，大火隔水加热，蒸20分钟至熟，关火后再闷3分钟即可。

营养师的悄悄话

猪肉含有优质蛋白质、铁、锌等营养素，但也含有较多的脂肪，家长要注意控制孩子的摄入量，以免长期摄入过多造成能量过剩。

虾仁丸子面

材料

荞麦面25~75克，黄瓜片20克，虾仁4只，猪肉馅、新鲜黑木耳、盐各适量

做法

❶ 虾仁洗净，剁碎，加入猪肉馅、盐，顺时针搅成泥状，做成虾肉丸。

❷ 黑木耳洗净；荞麦面煮熟，盛入碗中。

❸ 将虾肉丸、黑木耳、黄瓜片一起放入沸水中煮熟，再加少量盐调味；将汤和菜料倒入面碗中拌匀即可。

营养师的悄悄话

荞麦属于粗粮，膳食纤维含量较高，适量摄入粗粮更有利于健康；虾仁属于低脂高蛋白食材，还含有丰富的钙和铁。

蛋白质　碳水化合物

荷包蛋汉堡

材料

全麦圆面包1个，鸡蛋1个，生菜、植物油、沙拉酱各适量

做法

❶ 油锅烧热，打入鸡蛋，煎成荷包蛋；生菜洗净备用。

❷ 全麦圆面包从中间切开，抹上沙拉酱，夹入生菜、荷包蛋即可。

营养师的悄悄话

全麦面包比白面包含有更多的B族维生素。荷包蛋汉堡荤素搭配，营养均衡，能快速为孩子补充能量。

蛋白质　B族维生素

鱼香茭白

材料

茭白4根，姜丝、水淀粉、香醋、酱油、植物油各适量

做法

① 茭白去外皮，洗净，切滚刀块；香醋、水淀粉、酱油、姜丝调成料汁。
② 油锅烧热，下茭白炸至表面微微焦黄，捞出沥油。
③ 锅中留少量油，下茭白、料汁翻炒均匀即可。

钾　膳食纤维　维生素E

营养师的悄悄话

茭白含有丰富的膳食纤维，可为肠道益生菌提供“粮食”，并有利于预防便秘。

麦香鸡丁

材料

鸡胸脯肉、燕麦片各50克，白胡椒粉、盐、水淀粉、植物油各适量

做法

❶ 鸡胸脯肉洗净，切丁，用盐、水淀粉搅拌上浆。

❷ 油锅烧热，放入鸡丁滑油捞出；再倒入燕麦片，炸至金黄，捞出沥油。

❸ 锅留底油，倒入炸好的鸡丁、燕麦片翻炒，加入适量的白胡椒粉、盐调味即可。

营养师的悄悄话

燕麦含钙、铁、B族维生素、膳食纤维等，有助于孩子通便，与高蛋白低脂肪的鸡肉搭配，营养更全面。

下饭蒜焖鸡

材料

鸡块150克，黄甜椒、红甜椒各1个，蒜瓣、植物油、海鲜酱、蚝油、糖各适量

做法

❶ 鸡块洗净，用蚝油腌制20分钟；黄甜椒、红甜椒洗净，切块。

❷ 油锅烧热，放入鸡块，小火煸炒至出油。

❸ 加蒜瓣炒至变色，加入海鲜酱、糖，炒至鸡块上色；加水没过鸡块，大火烧开，小火收汁，加甜椒块翻炒均匀即可。

营养师的悄悄话

鸡肉含有丰富的优质蛋白质，还含有一定的铁、锌，甜椒含有丰富的维生素C，能促进铁的吸收。

芹菜牛肉丝

材料

牛肉50克，芹菜100克，葱丝、姜片、水淀粉、盐、植物油各适量

做法

❶ 牛肉洗净，切丝，加盐、水淀粉腌制；芹菜去根，摘去老叶，洗净切段。

❷ 油锅烧热，下姜片和葱丝煸香，加入牛肉丝和芹菜段翻炒，加入适量水，熟透后加盐调味即可。

营养师的悄悄话

牛肉富含优质蛋白质、铁、锌等；芹菜富含钙、胡萝卜素、不可溶性膳食纤维。充足的膳食纤维有利于预防便秘。

鱼香肝片

材料

猪肝150克，青椒1个，盐、葱花、料酒、干淀粉、糖、醋、植物油各适量

做法

❶ 青椒洗净切片；猪肝洗净切片，用料酒、盐、干淀粉腌制；将糖、醋及剩余的干淀粉调成芡汁。

❷ 油锅中放入葱花爆香，加入腌好的猪肝炒变色后，再放入青椒片，炒熟后倒入芡汁，待芡汁浓稠即可。

营养师的悄悄话

每周吃一次猪肝，可为孩子补充维生素A、铁、锌等营养素。

干烧黄鱼

材料

黄鱼1条，干香菇4朵，五花肉50克，姜片、葱段、植物油、酱油、糖、盐各适量

做法

❶ 黄鱼去鳞及内脏，洗净；干香菇泡发，洗净，切小丁；五花肉洗净，切丁。

❷ 油锅烧热，下黄鱼双面煎至微黄备用。

❸ 另起油锅，放入五花肉丁和姜片、葱段、香菇丁炒香，再放入煎好的黄鱼，加入适量酱油、糖、水烧开，转小火，熬煮15分钟后，加盐调味即可。

营养师的悄悄话

黄鱼富含蛋白质、硒等，还含有丰富的DHA。家长要记得每周给孩子吃1~2次海鱼，尤其是富含DHA的低汞鱼类。

莲藕炖鸡

材料

仔鸡1只，莲藕30克，盐、葱花、姜片各适量

做法

❶ 莲藕洗净，切成块；仔鸡去内脏洗净，然后放入沸水锅焯水，捞出剁块。

❷ 锅内放入水和鸡块，大火烧开，撇去浮沫，加入盐、姜片、莲藕块，用中火炖至鸡肉软烂，盛出撒上葱花即可。

营养师的悄悄话

鸡肉可以提供丰富的优质蛋白质；莲藕富含淀粉、钾等营养素，与鸡肉一起炖煮，营养美味。

秋葵拌鸡肉

材料

秋葵2根，鸡胸脯肉50克，圣女果5个，芝麻油5克

做法

❶ 秋葵、鸡胸脯肉、圣女果分别洗净。

❷ 秋葵放入沸水中焯烫2分钟，捞出后沥干水分；鸡胸脯肉放入沸水中煮熟，捞出沥干。

❸ 圣女果切块；秋葵去蒂，切成小段；鸡胸脯肉切成小块。

❹ 将切好的秋葵、鸡胸脯肉和圣女果放入盘中，淋上芝麻油即可。

营养师的悄悄话

秋葵含有钙、胡萝卜素、膳食纤维等，与鸡肉搭配做成秋葵拌鸡肉，荤素搭配，营养更丰富。

香酥带鱼

材料

带鱼1条，红甜椒50克，蒜瓣、葱段、盐、植物油、糖各适量

做法

❶ 带鱼用流水冲洗后切成小段，用糖、盐腌制40分钟；红甜椒洗净，切片。

❷ 小火热锅，倒入植物油，放入带鱼段，鱼皮微皱时翻面，煎至两面金黄盛出备用。

❸ 锅中留底油，下红甜椒片、蒜瓣、葱段、煎好的带鱼段混合炒匀，加盐调味。

营养师的悄悄话

带鱼富含优质蛋白质，还含有丰富的DHA，DHA充足有利于孩子的大脑发育。从健康角度，带鱼不用油煎，可直接红烧。

煎酿豆腐

材料

石膏豆腐100克，猪肉50克，香菇丁20克，碎虾仁30克，姜末、葱花、生抽、盐、糖、蚝油、植物油、水淀粉各适量

做法

❶ 猪肉洗净剁碎，加香菇丁、碎虾仁、姜末、生抽、盐、糖拌成馅；豆腐切块，从中间挖长条形凹坑，填入调好的馅。

❷ 油锅烧热，盛肉馅面朝下煎至金黄翻面，加蚝油、生抽、糖、水，小火炖煮2分钟，取出豆腐摆盘，撒葱花。锅中汤汁加水淀粉勾芡，淋在豆腐上。

营养师的悄悄话

豆腐中的蛋白质也属于优质植物蛋白，与肉类、谷类一起食用，可以起到蛋白质互补作用，增加蛋白质的利用率。

牛柳炒饭

材料

牛肉50克，丝瓜1根，胡萝卜1/2根，二米饭（大米小米饭）1碗，葱白丝、姜末、酱油、盐、植物油各适量

做法

❶ 牛肉洗净，切丝，放入酱油、盐腌制15分钟；胡萝卜、丝瓜洗净去皮，切丁。

❷ 油锅烧热，下葱白丝、姜末炒香，放入腌制好的牛肉丝，炒至八成熟，放入胡萝卜丁、丝瓜丁和二米饭，加盐翻炒均匀。

营养师的悄悄话

牛肉含有丰富的锌，同时还含有人体易吸收的血红素铁，有助于防止儿童缺铁性贫血的发生。但要注意红肉类的摄入量。

蛋白质 铁 锌

板栗烧牛肉

材料

牛肉150克，板栗6颗，姜片、葱段、盐、植物油各适量

做法

❶ 牛肉洗净，切成块，入沸水锅中焯水沥干；板栗去壳；油锅烧热，下板栗炸2分钟，再将牛肉块炸一下，捞出沥油。

❷ 锅中留底油，下葱段、姜片炒香，再下牛肉块翻炒几下，加适量盐和水。

❸ 煮至沸腾，撇去浮沫，小火炖至将熟时，下板栗烧至牛肉块熟烂、板栗绵软时收汁。

营养师的悄悄话

牛肉中的铁属于血红素铁，吸收率高，适量摄入富含血红素铁的食物，有利于预防孩子缺铁性贫血。

蛋白质 锌 卵磷脂

鸡蓉干贝

材料

鸡胸脯肉50克，干贝碎末40克，鸡蛋1个，高汤、盐、芝麻油、植物油各适量

做法

❶ 鸡胸脯肉洗净，剁成蓉，兑入高汤，打入鸡蛋，用筷子快速搅拌均匀，加入干贝碎末、盐拌匀。

❷ 油锅烧热，将以上材料下入，翻炒，待鸡蛋凝结成形时，淋入芝麻油翻炒均匀即可。

营养师的悄悄话

鸡蓉干贝富含蛋白质、锌、硒等营养元素，鸡肉中加入鸡蛋，口感更鲜更嫩。

芹菜炒腰果

材料

芹菜150克，腰果50克，干香菇3朵，红甜椒1个，盐、水淀粉、植物油各适量

做法

❶ 芹菜茎洗净，切片；红甜椒洗净，切块；干香菇泡发，去蒂切片；腰果洗净。

❷ 锅中入水煮沸，焯熟芹菜片、香菇片。

❸ 油锅烧热，下腰果翻炒熟，捞出备用。

❹ 锅中留底油，放入芹菜片、腰果、红甜椒块、香菇片翻炒均匀，加入盐调味，用水淀粉勾芡即可。

营养师的悄悄话

芹菜含有丰富的钙、胡萝卜素、膳食纤维等；腰果含有丰富的脂肪酸、锌等；增加香菇等菌菇类食物的摄入，有利于机体健康。

猪肉焖扁豆

材料

猪瘦肉50克，扁豆100克，胡萝卜1/4根，植物油、盐各适量

做法

❶ 猪瘦肉洗净，切薄片；扁豆择洗干净，切成段；胡萝卜洗净，去皮，切片。

❷ 油锅烧热，放肉片炒散后，将扁豆、胡萝卜放入翻炒。

❸ 加盐、水，转中火焖至扁豆熟透即可。

营养师的悄悄话

猪肉含有丰富的优质蛋白、铁、锌等营养素；扁豆富含钾、膳食纤维。猪肉有利于增加扁豆的香味，让孩子爱上吃蔬菜。

黑椒鸡腿

材料

去骨鸡腿4个，洋葱丁10克，葱花、姜片、蒜片、黑胡椒粉、生抽、盐各适量

做法

❶ 去骨鸡腿洗净，用葱花、姜片、蒜片、生抽腌制15分钟。

❷ 将去骨鸡腿表面水分擦干，鸡皮向下放入无油热锅，小火煎至金黄色，翻面煎至变色，加入黑胡椒粉和盐，利用鸡油炒香。

❸ 加适量水，大火烧开，中火炖煮，放入洋葱丁，收汁关火，鸡腿盛出切条即可。

营养师的悄悄话

鸡腿含有优质蛋白、铁、锌等。黑胡椒有辛辣味，最好不要给3岁以下的孩子食用辛辣的调味品。

奶酪炖饭

材料

米饭1碗，番茄1个，奶酪2片，鸡汤、盐、橄榄油各适量

做法

❶ 奶酪切碎；番茄洗净，切块，用橄榄油拌匀，放入160℃的烤箱内烤20分钟。

❷ 米饭中放入奶酪碎、烤好的番茄块，再倒入鸡汤，加适量盐，放入蒸锅中，隔水蒸到奶酪完全熔化，加入适量橄榄油，拌匀即可。

营养师的悄悄话

番茄中含有丰富的胡萝卜素和番茄红素，具有抗氧化等作用；奶酪含钙量高，是补钙的良好食材之一。

美味杏鲍菇

材料

杏鲍菇2根，蒜末、生抽、糖、黑胡椒粉、盐、植物油各适量

做法

❶ 杏鲍菇洗净，切条备用。

❷ 油锅烧热，爆香蒜末，加入杏鲍菇条翻炒片刻。

❸ 加入生抽、糖、黑胡椒粉继续翻炒至入味，加盐调味即可。

营养师的悄悄话

杏鲍菇属于菌菇类，富含钾、烟酸、膳食纤维等营养素，搭配肉类同炒，味道会更香。

百合炒牛肉

材料

牛肉50克，百合10片，黄甜椒片、红甜椒片、盐、酱油、植物油各适量

做法

❶ 百合片洗净；牛肉洗净，切成薄片放入碗中，加酱油抓匀，腌制20分钟。

❷ 油锅烧热，倒入牛肉片，大火快炒，加入甜椒片、百合片，翻炒至牛肉全部变色，加盐调味即可。

营养师的悄悄话

百合含有丰富的淀粉、钾、镁等营养素，还含有一定量的铁、锌。牛肉富含蛋白质、铁、锌等。

香芋南瓜煲

材料

芋头、南瓜各100克，椰浆250毫升，蒜、姜、盐、植物油各适量

做法

❶ 芋头、南瓜削皮后，切成大小适中的菱形块；蒜、姜洗净，切末。

❷ 油锅烧热，爆香蒜末、姜末，倒入芋头块和南瓜块，小火翻炒1分钟。

❸ 倒入半碗水，加入椰浆、盐，煮开后转小火煮至芋头块和南瓜块软烂。

营养师的悄悄话

芋头富含淀粉、钾等，南瓜富含胡萝卜素等。香芋南瓜煲甜甜糯糯的，可为孩子补充能量。

胡萝卜素　碳水化合物

牛肉蒸饺

材料

牛肉末150克，饺子皮10张，盐、芝麻油各适量

做法

❶ 牛肉末中加盐、芝麻油调味，制成牛肉馅。

❷ 将牛肉馅包入饺子皮，做成饺子。

❸ 饺子入蒸锅，大火上汽蒸15分钟至熟。

营养师的悄悄话

牛肉富含优质蛋白、铁、锌、硒、烟酸等营养素，但牛肉不容易煮烂，绞成馅的时候可以多绞几遍。

茄子烧番茄

材料

茄子1根，番茄、青椒各1个，盐、姜末、蒜末、植物油各适量

做法

❶ 番茄、茄子、青椒洗净，切小块。

❷ 油锅烧热，放入姜末、蒜末炒香，再入茄子煸炒至茄子变软，盛出。

❸ 另起油锅烧热，入番茄、青椒翻炒，加适量盐，再倒入茄子炒匀即可。

营养师的悄悄话

茄子含有一定的钾、钙、膳食纤维等；番茄富含番茄红素和有机酸，茄子烧番茄营养更丰富。

彩色糖果饺

材料

菠菜、面粉各100克，胡萝卜2根，鸡肉香菇馅200克

做法

❶ 菠菜洗净，切碎；胡萝卜洗净，切小块，分别用榨汁机榨成汁。

❷ 面粉分成两份，蔬菜汁分别倒入两份面粉中和面，和好后分割成小剂子，擀成皮，包入鸡肉香菇馅，捏成饺子。

❸ 锅内水烧开，将包好的饺子下入，煮开后加冷水，反复3次，煮至饺子熟透捞出。

营养师的悄悄话

彩色糖果饺不但营养丰富，而且颜色鲜艳，很容易吸引孩子的眼球。

鸡丝荞麦面

材料

熟鸡胸脯肉50克，荞麦面条80克，芝麻酱、盐各适量

做法

❶ 荞麦面条煮熟过凉水，沥干水分放入盘中。

❷ 芝麻酱加入盐、凉开水，朝一个方向搅拌开，淋在面上。

❸ 将熟鸡胸脯肉撕成丝，与面拌匀即可。

营养师的悄悄话

荞麦属于粗粮，富含膳食纤维，荞麦面条不像其他杂粮口感粗糙，可以给孩子经常食用。

时蔬蛋饼

材料

鸡蛋1个，胡萝卜、扁豆各25克，香菇1朵，面粉50克，植物油、盐各少许

做法

❶ 扁豆择洗干净，入沸水焯熟，沥干剁碎；胡萝卜洗净，去皮剁碎；香菇洗净，剁碎。

❷ 鸡蛋打入碗中，加入面粉、胡萝卜碎、香菇碎、扁豆碎、盐，混合成面糊。

❸ 油锅烧热，倒入面糊，在半熟状态下卷起，煎好后切成小段即可。

营养师的悄悄话

时蔬蛋饼颜色鲜艳、造型可爱，特别是对于不爱吃蔬菜的孩子来说，能让孩子同时摄入多种食材，营养更丰富。

山药百合黑米粥

材料

大米30克，黑米10克，山药20克，干百合适量

做法

❶ 大米、黑米淘洗干净，浸泡2小时；山药去皮洗净，切丁；干百合洗净，泡发。

❷ 锅内加入适量水，放入大米、黑米，熬煮成粥，再放入山药丁、百合瓣，熬煮至熟即可。

营养师的悄悄话

黑米属于杂粮，富含膳食纤维，和大米、山药同煮，营养丰富。家长应注意把黑米煮烂。

牛肉卤面

材料

牛肉50克，胡萝卜1/2根，红甜椒1/2个，竹笋1根，面条100克，酱油、水淀粉、盐、芝麻油、植物油各适量

做法

❶ 牛肉、胡萝卜、红甜椒、竹笋分别洗净，切小丁；面条煮熟，过凉水后盛入汤碗中。

❷ 油锅烧热，放牛肉丁煸炒，再放胡萝卜丁、红甜椒丁、竹笋丁翻炒，加入酱油、盐、水淀粉烧开后，浇在面条上，最后再淋几滴芝麻油即可。

营养师的悄悄话

胡萝卜富含胡萝卜素，甜椒含有丰富的维生素C。牛肉卤面营养均衡，可以作为孩子的主食。

鸡蛋紫菜饼

材料

鸡蛋1个，面粉100克，紫菜、植物油、盐各少许

做法

❶ 鸡蛋打入碗中，搅匀；紫菜洗净，撕碎，用水浸泡片刻。

❷ 鸡蛋液中加入面粉、紫菜、盐，搅匀成糊。

❸ 油锅烧热，将适量面糊倒入锅中，小火煎成圆饼，出锅后切块即可。

营养师的悄悄话

鸡蛋紫菜饼富含碘、钙、卵磷脂等营养物质。紫菜与鸡蛋的搭配，提升了饼的鲜味，让孩子更爱吃。

扁豆炒藕片

材料

莲藕100克，胡萝卜、扁豆各20克，黑木耳2朵，植物油、盐各适量

做法

❶ 黑木耳泡发，洗净，撕小朵；扁豆择洗干净，切小段；莲藕去皮洗净，切片；胡萝卜洗净，去皮切片。

❷ 将胡萝卜、扁豆、黑木耳、莲藕放入沸水中断生，捞出沥干。

❸ 油锅烧热，倒入焯熟后的食材翻炒出香，加盐调味即可。

营养师的悄悄话

莲藕富含淀粉、维生素C和一定的膳食纤维；扁豆含有一定的钙、钾、膳食纤维；木耳含有丰富的铁等营养素。扁豆炒藕片食材多样，营养丰富。

口蘑肉片

材料

猪肉50克，口蘑100克，红甜椒1个，姜末、盐、芝麻油、植物油各适量

做法

❶ 猪肉洗净，切片，加盐腌制；口蘑洗净，切片；红甜椒洗净，切条。

❷ 油锅烧热，爆香姜末，放入猪肉片翻炒，再放入口蘑片、甜椒条炒匀，加少量盐调味，最后滴几滴芝麻油即可。

营养师的悄悄话

口蘑属于菌菇类，含有一定的蛋白质、钾、膳食纤维等。口蘑与肉类搭配，美味又健康。

水果酸奶沙拉 3岁以上

材料

全麦吐司2片，酸奶1杯，草莓、哈密瓜、猕猴桃各适量

做法

❶ 将全麦吐司切成方丁。

❷ 草莓洗净，切小块；哈密瓜、猕猴桃洗净，去皮，切成小块。

❸ 将酸奶倒入碗中，再加入全麦吐司丁、水果块，搅拌均匀即可。

营养师的悄悄话

酸奶也是补钙的小能手，能与大部分水果的味道相得益彰；猕猴桃含有丰富的维生素C，充足的维生素C有利于增加机体抗氧化能力。

膳食纤维　维生素C　钙

饼干棒

材料

鸡蛋3个，低筋面粉70克，糖50克，香草精少许

做法

❶ 鸡蛋分离出蛋黄和蛋清。蛋清打出粗泡，分多次加入35克糖，打至黏稠；蛋黄中加入15克糖，滴入香草精，打至蛋黄浓稠，体积膨大。

❷ 将低筋面粉、打好的蛋白和蛋黄翻拌均匀，搅成面糊。

❸ 面糊装进裱花袋，在烤盘上挤出条状，放入预热190℃的烤箱，烤10分钟左右。

营养师的悄悄话

饼干棒富含碳水化合物、蛋白质，可以作为零食，给孩子补充能量。

蛋皮卷

材料

鸡蛋3个，胡萝卜1/2根，火腿肠1根，生菜叶、植物油、盐、干淀粉、沙拉酱、黄瓜条、米饭各适量

做法

❶ 鸡蛋打散，加盐、干淀粉搅拌均匀；胡萝卜去皮，洗净，切长条；火腿肠切条。

❷ 油锅烧热，倒入蛋液，小火煎成蛋皮。

❸ 蛋皮一面抹沙拉酱，码上米饭、生菜叶、胡萝卜、火腿肠、黄瓜，卷成卷后切小段。

营养师的悄悄话

蛋皮卷荤素搭配，营养均衡，制作起来也非常省时方便，不仅是孩子的营养零食，也是美味早餐。

番茄厚蛋烧

材料

鸡蛋、番茄各1个，扁豆25克，盐、植物油各适量

做法

❶ 番茄洗净，去皮，切碎；扁豆择洗干净，入沸水锅焯熟，沥干剁碎；鸡蛋打散成蛋液，加入番茄碎、扁豆碎、盐拌匀。

❷ 油锅烧热，均匀地铺一层蛋液在锅底，凝固后卷起盛出。将煎好的蛋饼切段，装盘即可。

营养师的悄悄话

鸡蛋是补充蛋白质、卵磷脂、B族维生素的良好来源。番茄含有丰富的胡萝卜素和番茄红素，具有抗氧化作用。

蜂蜜烤菠萝

材料

菠萝100克，蜂蜜、盐各适量

做法

❶ 菠萝去皮洗净，切片，放入淡盐水中浸泡20分钟。

❷ 把菠萝片放在烤盘里，下面垫上锡纸。

❸ 烤箱180℃预热，烤20分钟，烤好后淋上蜂蜜即可。

营养师的悄悄话

菠萝含有果糖、维生素C、柠檬酸等营养成分。清脆多汁、甜酸的口感，单独吃或做成菜都很受孩子欢迎。

红薯蛋挞

材料

红薯1个，鸡蛋2个，奶油20克，糖适量

做法

❶ 红薯洗净去皮，蒸熟，压成泥状，加入糖、生鸡蛋黄以及奶油搅拌均匀。

❷ 将调好的红薯糊舀到蛋挞模型里，放入预热180℃的烤箱内烤15分钟即可。

营养师的悄悄话

红薯含丰富的碳水化合物和可溶性膳食纤维；蛋黄含有一定的蛋白质、卵磷脂、维生素A等。孩子们都无法抵御甜蜜的滋味，但家长一定要控制好量。

碳水化合物　蛋白质　脂肪

玉米冻奶

材料

玉米粒100克，牛奶、糖各适量

做法

❶ 玉米粒洗净，煮熟，晾凉后切碎。

❷ 牛奶倒入锅中，加少许糖煮至完全溶化，放入玉米粒碎，不停地搅拌，煮沸后倒进容器中，放入冰箱冷冻至凝固即可。

营养师的悄悄话

玉米富含膳食纤维，可以促进孩子肠道蠕动；牛奶中蛋白质和钙含量丰富，有利于补充蛋白质和钙。

蛋白质　钙　膳食纤维

香酥洋葱圈

材料

洋葱100克，面粉50克，鸡蛋1个，盐、植物油各适量

做法

❶ 鸡蛋打散；洋葱切成环形圈，用盐腌一下，备用。

❷ 面粉加水、鸡蛋液、盐搅拌成面糊状，把腌好的洋葱裹上面糊，下入六成热的油锅中炸至金黄色即可。

营养师的悄悄话

洋葱含有硫化物，味道辛辣，给孩子吃需要彻底煮熟。油炸食物不宜经常吃，可偶尔给孩子磨磨牙。

奶酪鸡翅

材料

鸡翅4个，黄油20克，奶酪50克，盐适量

做法

❶ 提前将鸡翅清洗干净，并将鸡翅从中间划开，撒上盐，腌制1小时。

❷ 将黄油放入锅中，完全熔化后，将鸡翅放入锅中。

❸ 用小火将鸡翅彻底煎熟，然后将奶酪擦成碎末，均匀撒在鸡翅上。

营养师的悄悄话

奶酪是高钙食品，适量摄入有利于补钙。奶酪鸡翅属于高热量食物，应适量摄入。

南瓜饼

材料

南瓜100克，糯米粉200克，糖、红豆沙各适量

做法

❶ 南瓜去子，洗净，蒸熟或用微波炉加热10分钟。

❷ 挖出南瓜肉，加糯米粉、糖和成面团。

❸ 将红豆沙搓成小圆球，面团包入豆沙馅做成饼坯，上锅蒸10分钟即可。

营养师的悄悄话

南瓜口感甘甜，含有一定的糖，且富含胡萝卜素；红豆属于杂粮，可以作为主食的一部分，营养更丰富。

鱼蛋饼

材料

鱼肉75克，鸡蛋1个，洋葱、黄油、植物油、番茄酱各适量

做法

❶ 洋葱洗净，去皮切末；鱼肉剔刺、去皮，煮熟剁碎；黄油放于常温下软化。

❷ 鸡蛋打散成蛋液，加入洋葱末、鱼肉碎、黄油，搅打均匀。

❸ 热锅倒油，倒入鸡蛋糊，摊成圆饼状，煎至两面金黄。出锅后切小块，淋入番茄酱。

营养师的悄悄话

鱼肉中富含蛋白质、钙、铁等营养素，还含有一定量的DHA。建议每周给孩子安排1~2次鱼类，尤其是海鱼。

松仁鸡肉卷

材料

鸡肉100克，虾仁50克，松仁20克，胡萝卜丁、鸡蛋清、干淀粉、盐各适量

做法

❶ 鸡肉洗净，切成薄片。

❷ 虾仁洗净，切碎，加入胡萝卜丁、盐、鸡蛋清和干淀粉搅匀成虾蓉。

❸ 在鸡肉片上放虾蓉和松仁，卷成鸡肉卷，入蒸锅大火蒸熟即可。

营养师的悄悄话

松仁鸡肉卷中优质蛋白含量丰富。其中松仁含有亚油酸、锌等营养素。

孜然土豆片

材料

土豆1个，植物油、孜然粉、盐各适量

做法

❶ 土豆去皮洗净，切薄片备用。

❷ 将孜然粉、盐混合，搅拌均匀，制成调料。

❸ 将土豆片表面刷上油，均匀地撒上调料。

❹ 烤箱预热到200℃，将土豆片平铺在烤盘上，放入烤箱烤10分钟即可。

营养师的悄悄话

土豆含有丰富的淀粉，还含有钾等营养素，妈妈可以换着花样做，让孩子体验不同的口味。

蓝莓山药

材料

山药1小根，蓝莓酱少许

做法

❶ 将山药洗净，去皮后切成薄片，放入盘中，用大火蒸20分钟，直到山药完全软烂。

❷ 将蒸好的山药放入碗中，用勺子压成细腻的泥状，加适量温水调匀。

❸ 将裱花嘴装入裱花袋中，再将山药泥装进裱花袋里，挤在容器中，淋上蓝莓酱即可。

营养师的悄悄话

山药和土豆类似，含有丰富的淀粉，用山药和蓝莓酱做成的热"冰激凌"，孩子会很爱吃。

迷你小肉饼

材料

猪肉末50克，面粉100克，植物油、葱末、盐各适量

做法

❶ 将猪肉末、面粉、葱末、盐加水搅拌均匀，成糊状。

❷ 油锅烧热，将肉糊倒入煎锅内。

❸ 慢慢转动，制成小饼煎熟即可。

营养师的悄悄话

迷你小肉饼把主食和肉类相结合，孩子吃得会更香。也可以在饼里面添加蔬菜，让营养更加丰富。还可以把肉馅包裹到发酵的面团里制成肉馅饼。

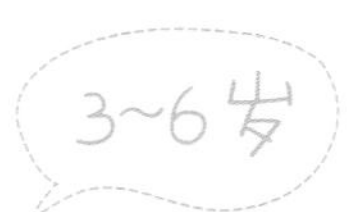

营养三餐推荐

套餐一

早餐	加餐	午餐	加餐	晚餐
芝麻酱葱花卷 ▸	牛奶200毫升	红豆黑米饭	酸奶100毫升	法式薄饼 ▸
西芹炒百合 ▸	核桃2个	彩椒牛肉粒 ▸		西蓝花烧双菇
葡萄4颗		红烧茄子		肉炒茄丝
		南瓜鸡蛋汤 ▸		番茄青菜汤

芝麻酱葱花卷

材料

面粉500克，胡萝卜30克，芝麻酱20克，酵母、葱花、盐各适量

做法

❶ 胡萝卜洗净去皮，煮熟后取出按压成泥。

❷ 面粉内加入酵母、水和匀，放入晾凉的胡萝卜泥和匀，放温暖湿润处发酵1~1.5小时；芝麻酱加盐调匀备用。

❸ 面团擀成长方片，抹上芝麻酱，撒上葱花，卷成花卷。

❹ 将做好的花卷生坯放进锅里，大火隔水蒸20~30分钟。

西芹炒百合

材料

百合50克，西芹100克，植物油、水淀粉、高汤、葱花、盐各适量

做法

❶ 百合洗净，掰成小块片；西芹洗净，切段，用开水焯熟。

❷ 油锅烧热，放葱花煸炒几下，加入百合、西芹继续翻炒。

❸ 加高汤、盐调味，起锅前用水淀粉勾薄芡即可。

彩椒牛肉粒

材料

牛里脊肉50克，杏鲍菇2个，红甜椒、黄甜椒、青椒各1/2个，酱油、淀粉、盐、植物油各适量

做法

❶ 牛里脊肉洗净切丁，用酱油、淀粉腌20分钟；杏鲍菇洗净切丁；红甜椒、黄甜椒、青椒洗净，切条。

❷ 油锅烧热，放入牛肉丁，煸炒变色。

❸ 放入杏鲍菇丁、彩椒条一起翻炒至熟软，加盐调味。

南瓜鸡蛋汤

材料

南瓜100克，鸡蛋1个，紫菜、盐、芝麻油各适量

做法

❶ 南瓜洗净，切块；紫菜泡发后洗净；鸡蛋打散成蛋液。

❷ 将南瓜块放入锅内，加水煮熟透，放入紫菜，煮10分钟，倒入蛋液打出蛋花，出锅前放盐，滴几滴芝麻油即可。

法式薄饼

材料

面粉50克，鸡蛋1个，核桃粉20克，芝麻粉、葱花、植物油、盐各适量

做法

❶ 鸡蛋打散成蛋液。

❷ 在面粉中加入打散的鸡蛋液、葱花、核桃粉、芝麻粉、盐，用水调成稀糊状。

❸ 在平底锅内倒入少许油，倒入面糊，摊成又软又薄的饼即可。

套餐二

早餐	加餐	午餐	加餐	晚餐
苹果鸡肉粥 ▸	牛奶200毫升	鸡蛋肉蔬炒饭 ▸	酸奶100毫升	绿豆粥 ▸
	香蕉1个	茄汁虾丸		土豆烧鸡块 ▸
		香菇青菜		蒜泥炒生菜 ▸
				黄桃1个

苹果鸡肉粥

材料

大米50克，鸡肉30克，香菇2朵，苹果1/2个，盐适量

做法

❶ 大米淘洗干净，浸泡1小时。

❷ 鸡肉洗净，切丁；苹果去皮去核，切丁；香菇泡发后洗净，去蒂，切丁。

❸ 大米放入锅中，加适量水熬成粥，加入鸡肉丁、苹果丁、香菇丁和盐，用小火煮熟即可。

鸡蛋肉蔬炒饭

材料

熟米饭1/2碗，鸡蛋1个，猪肉末30克，胡萝卜20克，葱花、盐、植物油各适量

做法

❶ 胡萝卜洗净，去皮切丁；鸡蛋打散成蛋液。

❷ 锅中倒油，倒入鸡蛋液和猪肉末一起炒散，盛出。

❸ 另起油锅，放葱花煸香，加入熟米饭、胡萝卜丁、猪肉末鸡蛋翻炒，最后加盐调味即可。

绿豆粥

晚餐

材料

大米50克，绿豆30克

做法

❶ 绿豆、大米洗净，浸泡30分钟。

❷ 将泡好的绿豆、大米放入锅内，加适量水，小火慢煮至豆烂米稠即可。

土豆烧鸡块

材料

鸡半只，土豆50克，黄甜椒、蒜末、红甜椒、盐、糖、生抽、植物油各适量

做法

❶ 鸡切小块，沸水焯烫；土豆洗净，去皮切块；红甜椒、黄甜椒洗净，切块。

❷ 油锅烧热，炒香蒜末，放鸡块爆炒至表面呈微焦黄色，再加土豆块一起翻炒，调入盐、糖、生抽炒匀，加水煮至鸡块熟烂，加甜椒块炒匀即可。

蒜泥炒生菜

材料

生菜3棵，蒜泥、盐、植物油各适量

做法

❶ 生菜洗净，切成小段。

❷ 油锅烧热，加入蒜泥煸炒出香味后倒入生菜爆炒。

❸ 生菜炒至变色，下盐调味即可。

套餐三

早餐	加餐	午餐	加餐	晚餐
土豆西蓝花饼	牛奶200毫升	菠萝饭	酸奶100毫升	炸酱面
牛奶核桃粥	猕猴桃1个	红烧藕圆		凉拌豆角
		杏鲍菇炒西蓝花		面汤1碗
		胡萝卜炖牛肉		西瓜2片

土豆西蓝花饼

材料

土豆、西蓝花各50克，面粉80克，盐、植物油各适量

做法

❶ 土豆洗净，去皮切丝；西蓝花洗净，焯烫后捞出沥水，切碎。

❷ 将土豆丝、西蓝花碎、面粉及适量盐、水放在一起搅匀。

❸ 油锅烧热，转小火，倒入搅拌好的面糊，煎至两面微黄，盛出切块即可。

牛奶核桃粥

材料

大米50克，牛奶200毫升，核桃仁适量

做法

❶ 大米洗净，浸泡30分钟。

❷ 锅中加适量水，倒入大米煮沸，加入核桃仁煮至粥稠。

❸ 倒入牛奶煮沸即可。

杏鲍菇炒西蓝花

材料

杏鲍菇1个，西蓝花100克，干淀粉、盐、植物油、高汤各适量

做法

❶ 西蓝花洗净，掰小朵；杏鲍菇洗净，切片。

❷ 油锅烧热，倒入西蓝花、杏鲍菇片翻炒，加盐调味，装盘。

❸ 锅中加适量高汤、干淀粉熬成浓汁，浇在菜上即可。

胡萝卜炖牛肉

材料

牛肉100克，胡萝卜80克，干淀粉、酱油、植物油、盐各适量。

做法

❶ 牛肉洗净，切块，用干淀粉、酱油腌制10分钟；胡萝卜洗净，去皮切块。

❷ 油锅烧热，放入牛肉块翻炒，加水大火烧沸，转中火炖至六成熟，加胡萝卜块炖熟，加盐调味即可。

凉拌豆角

材料

豆角100克，蒜末、盐、芝麻油各适量

做法

❶ 豆角洗净，切段，放入沸水中焯熟。

❷ 将豆角摆盘，加入蒜末拌匀，再加盐调味，最后淋上芝麻油即可。

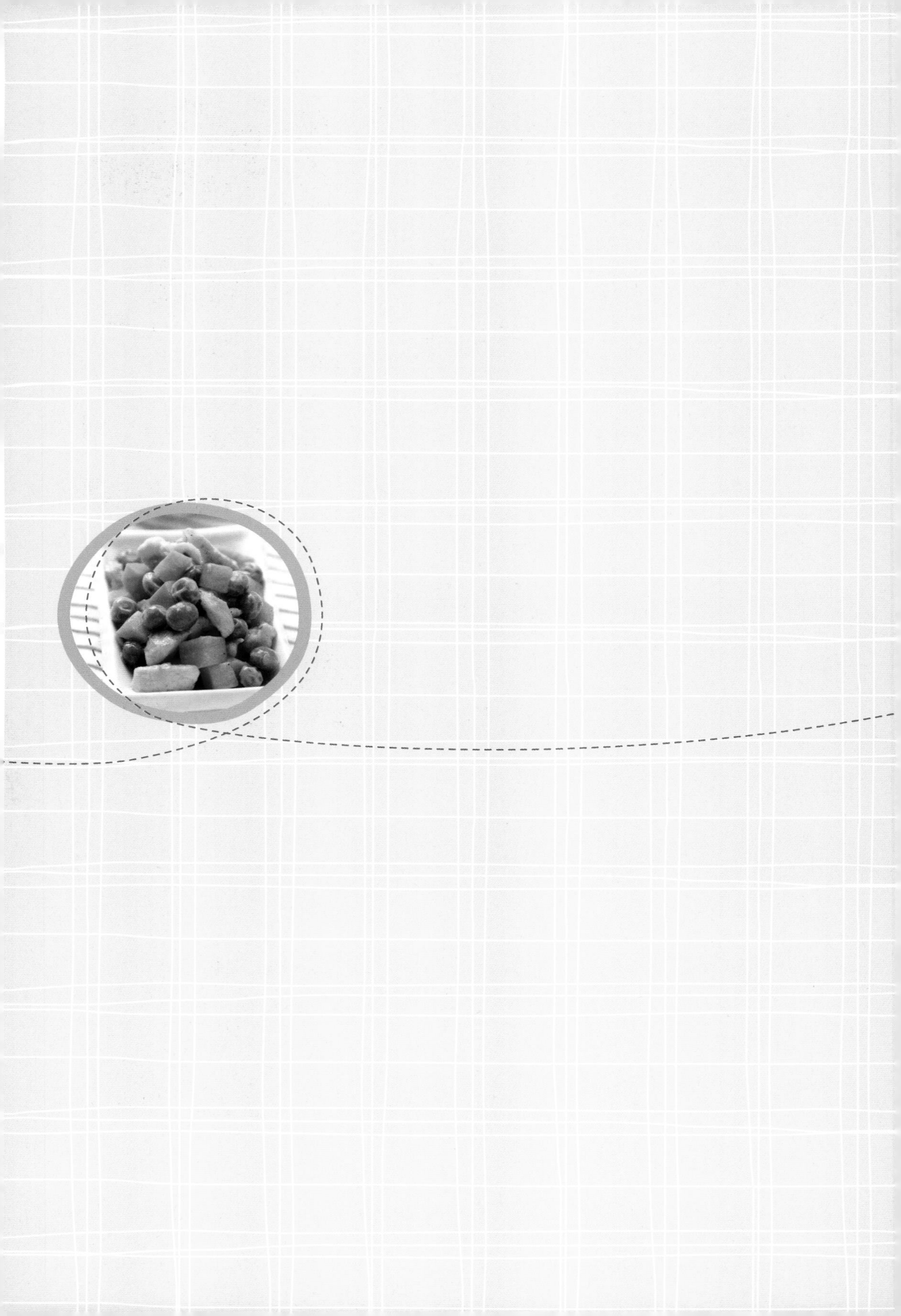

第五章

孩子的四季营养餐桌

豌豆炒鸡丁

2岁以上

材料

鸡胸脯肉50克，胡萝卜1根，豌豆50克，植物油、盐各适量

做法

❶ 豌豆洗净，用沸水焯熟后，捞出沥干；胡萝卜洗净，切丁；鸡胸脯肉洗净，切丁。

❷ 油锅烧热，先放鸡丁炒至变色，再放入胡萝卜丁、豌豆炒熟，加盐调味即可。

营养师的贴心话

鸡肉中含有丰富的优质蛋白质、铁、锌等，是孩子补铁补锌的好食材；豌豆含有丰富的淀粉、蛋白质、钾等营养素；鸡肉、豌豆和胡萝卜搭配，色彩鲜艳，营养更均衡。

胡萝卜素、蛋白质

草莓酱蛋卷

材料

鸡蛋2个，草莓4个，面粉100克，草莓酱、盐、植物油各适量

做法

❶ 鸡蛋打散，加水、面粉和成蛋糊；草莓洗净，在盐水中泡10分钟后，去蒂，沥干水，切小丁。

❷ 油锅烧热，倒入蛋糊，煎成蛋饼，切成条。

❸ 将草莓丁放入草莓酱中拌匀，装饰在蛋饼条上，卷起即可。

营养师的悄悄话

鸡蛋营养丰富，吃法很多，可以偶尔给孩子做点花样，更容易吸引孩子的眼球。

豉香春笋

材料

春笋1~2根，红甜椒、青椒各1个，豆豉、姜末、生抽、盐、植物油各适量

做法

❶ 春笋去皮，切去老根，切成丝；青椒、红甜椒分别洗净，切成丝备用。

❷ 油锅烧热，放入豆豉、姜末炒香，放入春笋丝翻炒1分钟，倒入青椒丝、红甜椒丝翻炒，加适量生抽、盐炒匀即可。

营养师的悄悄话

春笋含有丰富的膳食纤维，对于膳食纤维摄入不足的孩子来说，可以适量食用。但由于春笋含植酸等，会影响铁、锌的吸收，需要注意富含铁、锌的肉类或肝类摄入。

清炒蚕豆

材料

新鲜蚕豆150克，红甜椒1/2个，葱花、盐、植物油各适量

做法

❶ 蚕豆洗净，去皮；红甜椒洗净，切丁。

❷ 油锅烧至八成热，放入葱花炒香，再将蚕豆和红甜椒丁倒入翻炒，转小火加少许水焖煮。

❸ 焖至蚕豆绵软，出锅前加盐调味。

营养师的悄悄话

蚕豆营养丰富，富含碳水化合物、钾、铁、胡萝卜素等，但对于葡萄糖-6-磷酸脱氢酶缺乏的孩子来说不能吃，否则会出现“蚕豆病”。

碳水化合物

芦笋薏米粥

材料

大米50克，薏米10克，芦笋20克

做法

❶ 薏米提前一天泡软；芦笋洗净，切段备用；大米提前泡1小时。

❷ 将大米和薏米煮成粥，最好煮到绵糯的状态，再放入芦笋段，煮熟即可。

营养师的悄悄话

大米、薏米碳水化合物含量丰富，吃够了大米粥，可以在米粥中加入其他谷类或杂豆做成复合的粥，加点芦笋点缀，丰富颜色的同时可以补充膳食纤维，但薏米一定要煮软煮烂。

莴笋培根卷

材料

莴笋1根，培根100克，生抽、盐、料酒各适量

做法

❶ 莴笋去皮洗净，切条，放入加盐的水里焯熟；培根用料酒、生抽腌制片刻。

❷ 用培根将莴笋条卷起来，用牙签固定，置入预热好的烤箱内，温度设为200℃，烤制10分钟出炉。

营养师的悄悄话

培根富含蛋白质、铁、锌等营养素，但属于加工的肉类，偶尔少量摄入换换口味即可。

蛋白质 铁 锌

花样青菜豆腐

材料

豆腐100克，熟鸭蛋黄1/2个，青菜1棵，植物油、盐各少许

做法

❶ 豆腐切成小块；青菜洗净切碎；熟鸭蛋黄按压成泥。

❷ 油锅烧热，倒入蛋黄泥炒散，放豆腐块炒熟，再下入青菜碎炒熟，稍加盐调味。

营养师的悄悄话

青菜口感脆嫩，富含钙、铁、维生素C、膳食纤维等。孩子每天摄入的蔬菜最好能有绿叶蔬菜。

钙 蛋白质

三鲜炒春笋

材料

春笋1根，香菇丁20克，鱿鱼片、虾仁各50克，葱花、蒜末、盐、水淀粉、植物油各适量

做法

❶ 春笋去皮，去老根，洗净切片。

❷ 锅内加水煮沸，将鱿鱼片、虾仁焯熟，沥干水备用。

❸ 油锅烧热，爆香葱花、蒜末，放入春笋片、香菇丁、鱿鱼片、虾仁炒熟，加盐调味，倒入水淀粉勾芡，翻炒均匀即可。

营养师的悄悄话

鱿鱼和虾仁含有丰富的优质蛋白，虾还含有丰富的钙、铁、硒等矿物质。加上春笋炒菜，荤素搭配，营养丰富。

膳食纤维 维生素C

芦笋杏鲍菇

材料

芦笋100克，杏鲍菇1根，青椒1个，蒜瓣4个，盐、植物油各适量

做法

❶ 芦笋洗净，切段，入开水锅焯烫后捞出；青椒洗净，切块；杏鲍菇洗净，切滚刀块；蒜瓣洗净，切末备用。

❷ 油锅烧热，爆香蒜末，放入杏鲍菇块，煸炒至表面微黄，下芦笋段、青椒块翻炒片刻，放适量盐调味即可。

营养师的悄悄话

芦笋含有丰富的维生素C，含维生素C约45毫克/100克，还含有丰富的膳食纤维，有利于预防孩子便秘。

宫保素三丁

材料

土豆1个，黄瓜1/2根，黄甜椒、红甜椒各1个，熟花生仁、葱花、盐、水淀粉、植物油各适量

做法

❶ 土豆洗净，去皮切丁；黄瓜、黄甜椒、红甜椒分别洗净，切丁；熟花生仁去皮。
❷ 油锅烧热，放入葱花炒香，放入熟花生仁、土豆丁炒熟。
❸ 锅中加黄瓜丁、黄甜椒丁、红甜椒丁，翻炒均匀后用水淀粉勾芡，加盐调味即可。

营养师的悄悄话

土豆、黄瓜、甜椒等食材搭配，营养丰富，色彩鲜艳。其中甜椒含有丰富的维生素C；土豆不但含有淀粉，维生素C含量也不低。

芹菜奶酪蛋汤

材料

奶酪20克，鸡蛋1个，芹菜1棵，胡萝卜50克，高汤1碗，面粉适量

做法

❶ 芹菜洗净，切碎；胡萝卜去皮洗净，切丁。
❷ 奶酪与鸡蛋打散，加些面粉搅成糊状。
❸ 高汤烧开，淋入奶酪蛋液，再撒上芹菜碎、胡萝卜丁煮熟即可。

营养师的悄悄话

奶酪富含钙，作为奶制品，可以给1岁以后的孩子适量补充。妈妈要注意选购低盐、少添加物的奶酪，注意看食品配料表。

青菜海米烫饭

材料

米饭1碗，青菜2棵，海米、芝麻油各适量

做法

❶ 海米提前浸泡2小时；青菜洗净，入沸水锅焯熟，捞出过凉水，沥干切段。

❷ 锅中加水煮沸，倒入米饭，转小火煮至米粒破裂，放入青菜、海米，淋上芝麻油即可。

营养师的悄悄话

海米含有丰富的蛋白质、钙等营养素，但不如鲜虾健康，可以偶尔食用。

糖醋胡萝卜丝

材料

胡萝卜1/2根，黑芝麻、米醋、糖、盐各适量

做法

❶ 胡萝卜洗净，切成细丝，放入碗内加盐拌匀，腌制10分钟；黑芝麻炒熟。

❷ 将胡萝卜丝用水洗净，挤去水分，放入盘内，用糖、米醋拌匀，撒上黑芝麻即可。

营养师的悄悄话

胡萝卜富含胡萝卜素、膳食纤维等，是孩子视力发育的好帮手。糖醋胡萝卜丝清爽脆嫩，酸甜可口，能提高孩子的食欲。

草莓西米露

材料

西米50克，牛奶250毫升，草莓3个，蜂蜜适量

做法

❶ 将西米放入沸水中煮到中间只看见小白点，关火闷1分钟。

❷ 将煮好的西米加入牛奶中冷藏半小时。

❸ 草莓洗净，切块，和牛奶西米拌匀，加入适量的蜂蜜调味即可。

营养师的悄悄话

牛奶是良好的优质蛋白来源，还含有丰富的钙，把牛奶做成草莓西米露，更能吸引孩子的眼球。

芝麻菠菜

材料

菠菜100克，黑芝麻、芝麻油、植物油、盐各适量

做法

❶ 菠菜择洗干净，放入开水锅中焯烫，捞出沥水。

❷ 油锅烧热，倒入焯烫好的菠菜进行翻炒，加入黑芝麻、芝麻油、盐翻炒均匀即可。

营养师的悄悄话

菠菜富含铁、胡萝卜素等，但草酸含量相对高，焯水有利于去除部分草酸。

菠萝鸡翅

材料

鸡翅中5个，菠萝1/2个，高汤、料酒、糖、盐、植物油各适量

做法

❶ 鸡翅中洗净；菠萝去皮洗净，切块。

❸ 油锅烧热，放入鸡翅中，煎至两面金黄后取出。

❸ 锅内留底油，加糖炒至熔化，倒入鸡翅中，加盐、料酒、高汤，大火煮开，加菠萝块，转小火炖至汤汁浓稠。

营养师的悄悄话

菠萝可以作为水果生吃，也可以与其他食材搭配做成菜肴，例如菠萝饭、菠萝鸡翅，味道会更加独特。

蛋白质 铁 锌

奶油娃娃菜

材料

娃娃菜1棵，牛奶100毫升，高汤1碗，干淀粉、植物油、盐各适量

做法

❶ 娃娃菜洗净，切小段；牛奶中倒入干淀粉搅拌均匀。

❷ 油锅烧热，倒入娃娃菜段煸炒，加入高汤，烧至八成熟。

❸ 倒入调好的牛奶，再烧开加盐即可。

营养师的悄悄话

牛奶中的钙容易被人体吸收，是给孩子补钙的首选食材，娃娃菜也是钙的良好来源之一，每100克娃娃菜含有78毫克的钙。

番茄虾仁沙拉

材料

虾仁5个，圣女果3颗，红甜椒、黄甜椒1/2个，柠檬汁、蛋黄酱、炼乳各适量

做法

❶ 虾仁处理干净，放入蒸锅，隔水蒸5分钟。

❷ 圣女果洗净，对半切开；红甜椒、黄甜椒分别洗净，去蒂切成条。

❸ 炼乳加蛋黄酱、柠檬汁调成柠檬蛋黄酱，加虾仁、圣女果块、甜椒条搅拌均匀即可。

营养师的悄悄话

虾仁富含优质蛋白和钙；甜椒含有丰富的维生素C；炼乳属于奶制品的一种，含有丰富的蛋白质和钙。

绿豆薏米粥

材料

大米50克，薏米、绿豆各25克

做法

❶ 薏米、绿豆洗净，提前用水浸泡一夜；大米洗净。

❷ 将绿豆、薏米、大米放入锅中，加适量水，煮至豆烂米稠即可。

营养师的悄悄话

绿豆属于杂豆类，富含淀粉，夏季可以煮绿豆汤，给孩子补充水分的同时可以补充能量。

奶香瓜球

材料

冬瓜1小块，牛奶100毫升，海米、水淀粉、盐各适量

做法

❶ 冬瓜洗净，去皮，用挖球器制成冬瓜球。

❷ 提前将海米浸泡1小时，切碎，取适量泡海米的水与冬瓜一起入锅煮。

❸ 冬瓜煮熟后，倒入牛奶、海米和盐，用水淀粉勾芡。

营养师的悄悄话

冬瓜是含水量较大的蔬菜，营养价值不高，夏季可适量摄入。奶类是钙的良好来源，孩子每天要保持一定的奶量。

黄瓜卷

材料

黄瓜1根，鲜香菇4朵，胡萝卜1/2根，春笋1/2个，芝麻油、盐各适量

做法

❶ 胡萝卜、鲜香菇、春笋分别洗净，切丝，入沸水焯熟，捞出沥干。

❷ 黄瓜洗净，切成长薄片。

❸ 胡萝卜丝、鲜香菇丝、春笋丝用盐、芝麻油拌匀，腌15分钟后放在黄瓜片上，卷成黄瓜卷。

营养师的悄悄话

黄瓜可以生吃，也可以炒菜，生吃比较爽口。胡萝卜含有丰富的胡萝卜素；春笋含有丰富的维生素C和膳食纤维。

维生素C　胡萝卜素

冬瓜肝泥馄饨

材料

猪肝30克，猪肉馅、冬瓜各50克，馄饨皮10张，盐、芝麻油各适量

做法

❶ 冬瓜去皮去瓤，洗净后剁成末；猪肝洗净，加水煮熟，剁成泥。

❷ 将冬瓜末、猪肝泥、猪肉馅、盐和芝麻油混合做成馅，用馄饨皮包好，上锅蒸熟即可。

营养师的悄悄话

猪肝含有丰富的铁、锌、维生素A等营养素，可以每周给孩子吃1~2次肝类，有助于孩子补铁和维生素A。

铁　碳水化合物　蛋白质

香芒牛柳

材料

牛里脊肉100克，芒果、鸡蛋清各1个，青椒、红甜椒、干淀粉、盐、植物油各适量

做法

❶ 牛里脊肉洗净，切条，加鸡蛋清、盐、干淀粉腌制10分钟；芒果去皮，切条；青椒、红甜椒洗净，切条。

❷ 油锅烧热，下牛肉条快速翻炒，放入青椒条、红甜椒条和芒果条翻炒，出锅前加盐调味即可。

营养师的悄悄话

牛肉富含优质蛋白质、铁、锌、烟酸和维生素B_{12}等；芒果富含胡萝卜素，还含有一定的维生素C，用芒果做菜，别有一番滋味。

西葫芦炒番茄

材料

西葫芦1/2个，番茄1个，蒜片、盐、植物油各适量

做法

❶ 西葫芦洗净，切片；番茄洗净，切小块。

❷ 油锅烧热，放入蒜片爆香，再放入西葫芦片、番茄块翻炒。

❸ 往锅里加少许水煮沸，加盐调味，关火再闷2分钟即可。

营养师的悄悄话

西葫芦是一年四季都能吃到的瓜类蔬菜，搭配番茄炒菜，酸酸甜甜更好吃。

芙蓉丝瓜

材料

丝瓜1根，鸡蛋清1个，植物油、水淀粉、盐各适量

做法

❶ 丝瓜去皮，洗净，切成小丁。

❷ 油锅烧热，放入鸡蛋清炒至凝固，放入丝瓜丁炒匀。

❸ 加水煮至丝瓜软烂，用水淀粉勾芡，加盐调味即可。

营养师的悄悄话

蛋清中蛋白质含量丰富，丝瓜属于时令蔬菜，也可做成丝瓜炒鸡蛋或丝瓜蛋汤。

凉拌西瓜皮

材料

西瓜皮100克，红甜椒1个，盐、糖、香醋各适量

做法

❶ 西瓜皮削去外面的翠衣，洗净，放容器中，加盐、糖拌匀，腌制1小时；红甜椒洗净，切小丁，放开水中焯熟。

❷ 将腌软的西瓜皮切成丁，放入碗中。

❸ 碗中放入红甜椒丁，淋上适量香醋拌匀。

营养师的悄悄话

西瓜皮也能做成一道菜，搭配红甜椒一起，爽口美味。

苦瓜炒蛋

材料

苦瓜1根，鸡蛋2个，盐、植物油各适量

做法

❶ 鸡蛋打入碗中，加盐打散成鸡蛋液；苦瓜洗净，去瓤切片。

❷ 油锅烧热，倒入蛋液炒成鸡蛋碎，盛出。

❸ 锅内留底油，加苦瓜片炒熟，再倒入炒熟的鸡蛋碎翻炒几下，加盐调味即可。

营养师的悄悄话

苦瓜富含维生素C，食用前可焯水去除部分苦味，与鸡蛋搭配营养丰富，也更容易让孩子接受。如果孩子不接受苦瓜的味道也不要勉强。

丝瓜虾皮粥

材料

大米40克，丝瓜1/2根，碎虾皮10克

做法

❶ 丝瓜洗净，去皮，切成小丁；大米淘洗干净，用水浸泡30分钟。

❷ 将大米倒入锅中，加水煮成粥，快熟时，加入丝瓜丁和碎虾皮同煮至烂熟即可。

营养师的悄悄话

虾皮中含有较高的钙，但由于日常食用少，且钙的吸收有限，所以并不是补钙的好食材。虾皮往往很咸，可以给孩子选无盐虾皮。

丝瓜火腿汤

材料

丝瓜1根，火腿肠1根，盐、植物油各适量

做法

❶ 丝瓜洗净，去皮切块；火腿肠切片。

❷ 油锅烧热，下丝瓜块翻炒片刻，加入水煮沸约3分钟，下火腿肠片略煮，加盐调味即可。

营养师的悄悄话

丝瓜还可以搭配鸡蛋做成丝瓜鸡蛋汤。火腿肠口味独特，但属于加工的肉类，可以偶尔给孩子少量食用。

冬瓜肉丸汤

材料

冬瓜30克，肉末50克，盐适量

做法

❶ 冬瓜洗净，去皮去瓤，切小片备用。

❷ 肉末做成肉丸。

❸ 冬瓜片放入锅中，加水，煮沸后再放入肉丸汆熟，加盐调味即可。

营养师的悄悄话

冬瓜含有维生素C、膳食纤维等营养成分。冬瓜含水量很高，每100克冬瓜含水达96克，夏季吃冬瓜，有利于给孩子补充水分。

香菇通心粉

材料

通心粉50克，土豆1/2个，胡萝卜1/2根，香菇2朵，盐、芝麻油各适量

做法

❶ 土豆去皮洗净，切丁；胡萝卜洗净，切丁；香菇洗净，切成片。

❷ 将土豆丁、胡萝卜丁、香菇片放入锅中，加水煮熟，加盐和芝麻油捞出。

❸ 锅中加水烧开，放入通心粉，调入适量盐，煮熟捞出放入大盘中，再铺上土豆丁、胡萝卜丁、香菇片即可。

营养师的悄悄话

通心粉与土豆中含有的碳水化合物，可以为孩子提供充足的能量，可搭配肉类、深绿色蔬菜，营养更丰富。

凉拌豆腐干

材料

豆腐干100克，香菜、盐、芝麻油各适量

做法

❶ 豆腐干洗净，切成细条；香菜洗净，切小段。

❷ 将豆腐干放入烧开的盐水中煮2分钟后，捞出沥干。

❸ 将豆腐干与香菜混合，再加盐、芝麻油拌匀即可。

营养师的悄悄话

豆腐干属于豆制品，含有丰富的蛋白质与钙。可以每周给孩子安排适量的豆制品，包括豆腐、豆腐皮和干丝等。

芙蓉虾仁

材料

虾仁150克，鸡蛋清3个，植物油、黑胡椒粉、盐、葱花、料酒各适量

做法

❶ 虾仁洗净，放入黑胡椒粉、料酒、盐腌制10分钟；鸡蛋清用筷子打散。

❷ 锅里放入油，用小火烧热，滑一下虾仁立刻捞出。

❸ 锅里放入蛋清，炒到稍微凝固，倒入虾仁和适量盐拌炒均匀，出锅前撒上葱花。

营养师的悄悄话

虾属于低脂高蛋白食品，还富含钙、铁、硒等营养素。每周可以给孩子安排2次虾。

番茄苹果汁

材料

番茄1个，苹果1/2个

做法

❶ 番茄洗净，放入开水中烫片刻，去皮，切成小块。

❷ 苹果去皮去核，切成块，和番茄块一起用榨汁机榨汁。

❸ 以1∶2的比例加温开水调匀即可。

营养师的悄悄话

番茄、苹果中含有一定的有机酸，夏季喝一杯酸酸甜甜的番茄苹果汁，有助于孩子开胃。

西蓝花牛肉通心粉

3岁以上

材料

通心粉100克，西蓝花1小棵，牛肉50克，柠檬1/2个，植物油、盐、芝麻油各适量

做法

❶ 西蓝花掰成小朵，洗净；牛肉洗净，切碎，用盐腌制10分钟。

❷ 油锅烧热，放入腌好的牛肉碎，翻炒至呈深褐色关火。

❸ 另起一锅，加水烧开，放入通心粉，快煮熟时放入西蓝花，全部煮好后捞出沥干。

❹ 通心粉和西蓝花盛入盘中，撒上牛肉碎，淋上芝麻油，挤入柠檬汁调味。

营养师的悄悄话

西蓝花牛肉通心粉做到了荤素搭配，营养均衡。如果孩子不喜欢吃西蓝花，可以换成番茄或茄子等蔬菜，另外还可以搭配点菠菜等绿叶蔬菜。

维生素C　蛋白质　碳水化合物

时蔬拌蛋丝

材料

鸡蛋1个，香菇3朵，胡萝卜、干淀粉、醋、生抽、糖、盐、芝麻油、植物油各适量

做法

❶ 香菇洗净，切丝，焯熟；胡萝卜洗净，去皮切丝，入油锅煸炒。

❷ 盐、醋、生抽、糖、芝麻油调成料汁；干淀粉加水调匀；鸡蛋加盐打散，倒入淀粉汁搅匀。

❸ 油锅烧热，倒入蛋液摊成饼，盛出切丝后与胡萝卜丝、香菇丝一起码盘，淋上料汁拌匀即可。

营养师的悄悄话

胡萝卜中胡萝卜素的含量丰富，对于视力保护很有帮助。

板栗红枣粥

材料

板栗10粒，红枣5颗，大米50克

做法

❶ 大米洗净；红枣洗净，切小块；板栗剥壳，切小块。

❷ 将大米、板栗放入锅中，加适量水煮开。

❸ 放入红枣，熬煮30分钟至黏稠即可。

营养师的悄悄话

板栗属于坚果类，但脂肪含量不高，富含淀粉，含一定量的维生素C、胡萝卜素。

南瓜软米饭

材料

大米、南瓜各100克

做法

❶ 大米洗净；南瓜去皮去瓤，洗净，切小块。

❷ 将大米和南瓜块放入电饭锅中，加水煮熟，拌匀即可。

营养师的悄悄话

南瓜含有一定的糖类，吃起来甜甜的，还可以做成南瓜粥、南瓜饼、蒸南瓜等。

荸荠梨汤

材料

荸荠5个，梨1/2个，牛奶适量

做法

❶ 荸荠洗净，去皮，切小丁；梨洗净，去皮去核，切丁。

❷ 将荸荠丁、梨丁放入锅中煮熟，加牛奶，煮开即可。

营养师的悄悄话

荸荠富含淀粉、钾等营养素，与梨一起做成汤，有利于补充能量和水分。

扁豆莲子粥

材料

白扁豆、山药、莲子各15克，大米50克

做法

❶ 大米、莲子、白扁豆分别洗净，提前浸泡1小时。

❷ 山药去皮，洗净，切成丁。

❸ 锅中放入浸泡好的大米、莲子、白扁豆，煮1小时后，加入山药丁，煮熟即可。

营养师的悄悄话

莲子含有丰富的淀粉、钾、烟酸等营养素，比起白粥，杂粮粥或杂豆粥营养更丰富。

南瓜牛肉条

材料

牛里脊肉50克，南瓜100克，盐、植物油各适量

做法

❶ 牛里脊肉洗净，切丝；南瓜洗净，去皮去瓤，切条。

❷ 油锅烧热，加南瓜条、牛肉丝炒熟，加盐调味。

营养师的悄悄话

南瓜含有一定的碳水化合物和丰富的胡萝卜素；牛肉富含蛋白质、铁、锌等。牛肉直接炒熟吃起来会比较硬，孩子不容易嚼碎，可加淀粉或蛋清腌一下。

藕丝炒鸡肉

材料

鸡肉100克，莲藕1节，红甜椒1/2个，黄甜椒1/2个，盐、植物油各适量

做法

❶ 莲藕去皮洗净，切丝放入清水中保存；鸡肉、红甜椒、黄甜椒分别洗净，切丝。

❷ 油锅烧热，放入红甜椒丝和黄甜椒丝，炒出香味时，放入鸡肉丝。

❸ 炒到鸡肉丝变色时加藕丝，炒熟后加少许盐调味即可。

营养师的悄悄话

莲藕与土豆类似，含有丰富的淀粉，莲藕还含丰富的维生素和一定的膳食纤维。藕丝炒鸡肉食材多样，营养均衡。

土豆菜汤

材料

土豆1个，青菜50克，猪肉末25克，盐、植物油各适量

做法

❶ 土豆洗净，切丁；青菜洗净，切段。

❷ 油锅烧热，加猪肉末炒散，加土豆丁稍微煸炒后，加适量水，焖5分钟左右。

❸ 土豆软烂后，加青菜，稍微烫一下，加盐出锅即可。

营养师的悄悄话

青菜属于绿叶蔬菜，营养价值较高，还含有丰富的膳食纤维，适量摄入有利于预防孩子便秘。

胡萝卜粉丝汤

材料

虾皮20克，粉丝、胡萝卜各50克，香菜10克，鸡汤1碗，植物油、葱丝、姜丝、盐各适量

做法

❶ 胡萝卜洗净，切丝；粉丝加开水烫熟；香菜洗净，切段。

❷ 油锅烧热，用葱丝、姜丝炝锅，放虾皮煸炒，再加入胡萝卜丝同炒，倒入鸡汤，烧开后撇去浮沫，放粉丝稍煮，调入盐，撒上香菜段即可。

营养师的悄悄话

虾皮属于高钙食材，但含盐也较多，做汤时适量放入，可以起到增鲜的作用。

钙　胡萝卜素　膳食纤维

芋头丸子汤

材料

芋头1个，牛肉100克，盐适量

做法

❶ 芋头去皮，洗净，切成丁。

❷ 牛肉洗净，绞成馅，加一点点水，沿着一个方向搅上劲，做成丸子。

❸ 锅内加水，煮沸后下入牛肉丸子和芋头丁，煮沸后转小火煮熟，加盐调味。

营养师的悄悄话

芋头含有丰富的淀粉和钾等。可以在芋头丸子汤里面加入番茄或青菜，既能丰富汤的口感，还能帮孩子补充微量元素和膳食纤维。

淀粉　蛋白质

鸡肝胡萝卜粥

材料

大米100克，鸡肝50克，胡萝卜1/2根，植物油、盐各适量

做法

❶ 胡萝卜去皮洗净，切碎；大米淘洗干净；鸡肝洗净切丁。

❶ 油锅烧热，倒入鸡肝丁炒至变色，加入胡萝卜碎炒匀，加盐调味。

❸ 将大米放入电饭锅中，加水煮成米粥，盛入碗中，浇上炒好的胡萝卜鸡肝即可。

营养师的悄悄话

不少家庭早餐只喝白米粥，其实，只要加点蔬菜和肉类，就可以做成营养又美味的早餐粥，比如胡萝卜瘦肉粥、青菜鲜虾粥等。

银耳红枣汤

材料

银耳1朵，花生仁20克，红枣4颗

做法

❶ 将银耳用温水泡发，洗净，撕小朵；红枣去核；花生仁洗净。

❷ 锅中倒水，放入银耳煮开，放入花生仁、红枣同煮，待花生煮烂即可。

营养师的悄悄话

银耳红枣汤可以给孩子补充水分，但汤的营养非常有限，喝汤的同时记得吃里面的食材。

虾仁山药饼

材料

山药1/2根，虾仁50克，干淀粉、植物油、盐各适量

做法

❶ 虾仁处理干净，用盐、干淀粉腌10分钟后剁成泥。

❷ 山药洗净，切段，入蒸锅蒸熟，压成泥，与虾仁泥一起制成饼坯。

❸ 油锅烧热，将饼坯煎至两面金黄即可。

营养师的悄悄话

山药属于薯类，薯类含蛋白质不高，可以跟其他肉类或豆类搭配食用。

银耳樱桃粥

材料

干银耳1朵，樱桃30克，大米50克，盐适量

做法

❶ 大米洗净，泡30分钟；樱桃用盐水泡5分钟，洗净后去梗，去核；干银耳泡发，撕小朵。

❷ 大米、银耳入锅煮熟，加入樱桃煮沸。

营养师的悄悄话

大米富含淀粉，是最常食用的主食，大米煮粥易消化吸收，孩子即使在腹泻时通常也可以继续食用，为孩子补充能量。但单独的大米粥过于单调，可搭配其他食材，美味又健康。

蔬菜汤

材料

西蓝花1小棵，高汤1碗，胡萝卜丁、南瓜丁、白菜碎、洋葱碎、蒜末、盐、植物油各适量

做法

❶ 西蓝花洗净，掰小朵。

❷ 油锅烧热，加入蒜末、洋葱碎炒出香味后，放入胡萝卜丁、南瓜丁、西蓝花、白菜碎翻炒片刻，倒入高汤，烧开后转小火炖煮10分钟，加盐调味即可。

营养师的悄悄话

西蓝花营养丰富，可以用来炒菜，也可以烧汤，既美味又营养。

胡萝卜汁

材料

胡萝卜2根

做法

❶ 胡萝卜洗净，切成片。

❷ 将胡萝卜片放入榨汁机榨成汁，过滤出汁液即可。

营养师的悄悄话

胡萝卜含有丰富的胡萝卜素，榨汁、炒菜，味道都很不错。胡萝卜还可以与苹果、番茄搭配榨汁，味道更好，营养也会更丰富。

肉松香豆腐

材料

卤水豆腐1块，肉松50克，蒜片、盐、植物油各适量

做法

❶ 卤水豆腐洗净，切块，放入盐开水中，小火煮两分钟后捞出。

❷ 油锅烧热，爆香蒜片，放入豆腐块，用小火煎至两面金黄。

❸ 盛出豆腐块摆盘，将肉松均匀地铺在上面即可。

营养师的悄悄话

豆腐口感滑嫩，含有丰富的蛋白质、钙、磷、铁等。

蛋白质　铁　钙

莲藕薏米排骨汤

材料

排骨100克，薏米20克，莲藕1节，醋、盐各适量

做法

❶ 莲藕洗净，去皮，切薄片；薏米洗净，浸泡2小时；排骨洗净，焯水。

❷ 排骨放入锅内，加适量水，大火煮开后加醋，转小火煲1小时。

❸ 放入莲藕片、薏米，转大火煮沸，改小火继续煲1小时，加盐调味即可。

营养师的悄悄话

汤里面的营养有限，对于生长发育期的孩子，除了喝汤，同时也要吃里面的食材。

蛋白质　碳水化合物

莲藕蒸肉

碳水化合物　蛋白质

材料

猪肉末100克，莲藕1节，葱花、姜水、盐、白胡椒粉各适量

做法

❶ 莲藕去皮，洗净，切成厚片；猪肉末中加姜水、盐、白胡椒粉搅拌均匀。

❷ 将肉馅塞进藕片孔里，码在盘上，撒上葱花。

❸ 锅中加适量水，将盘子放入蒸锅中，隔水蒸15分钟至熟即可。

营养师的悄悄话

猪肉的吃法很多，如果孩子不喜欢吃肉丝或肉丁，可以做成莲藕蒸肉，和莲藕一起吃，不仅营养丰富，口感也更好。

白灼金针菇

碳水化合物　膳食纤维　烟酸

材料

金针菇100克，生抽、糖、盐、植物油各适量

做法

❶ 金针菇去根，撕散洗净，入沸水中焯烫1分钟，捞出沥干，装盘。

❷ 生抽加糖、盐搅拌均匀，浇在金针菇上。

❸ 油锅烧热，淋热油到金针菇上即可。

营养师的悄悄话

金针菇含丰富的烟酸，还含有一定的碳水化合物、蛋白质、膳食纤维等。金针菇消化困难，妈妈最好事先将金针菇切碎，去掉不容易消化的根部，并用沸水烫软。

红薯二米粥

材料

红薯1个，红枣3颗，大米、小米各适量

做法

❶ 大米、小米分别洗净，提前浸泡半小时；红枣去核，洗净；红薯去皮，洗净，切成小块备用。

❷ 锅中放适量水，倒入浸泡好的大米、小米，煮开后加入红枣、红薯块，煮熟即可。

营养师的悄悄话

大米、小米、红薯搭配煮粥，口感更好，营养也更丰富。小米含有丰富的胡萝卜素，所含的铁、B族维生素均比大米高。

五谷黑白粥

材料

小米、百合各10克，大米、黑米、山药各20克

做法

❶ 大米、小米、黑米洗净，浸泡1小时后放入锅中加水熬煮。

❷ 山药去皮，洗净切丁；百合洗净，泡水。

❸ 米粥大火煮开后，放入山药丁、百合，转小火煮约30分钟即可。

营养师的悄悄话

五谷黑白粥里面的食材很丰富，粗细粮搭配煮粥，营养互补。但家长要注意把黑米煮烂，便于消化吸收。

茄汁大虾

材料

对虾200克，番茄酱20克，盐、糖、面粉、水淀粉、植物油各适量

做法

❶ 对虾洗净，剪去虾须与尖角，挑去虾线，放入盐抓匀，腌一会儿，再放入面粉抓匀备用。

❷ 油锅烧热，放入用面粉抓匀的对虾，中火炸至金黄，捞起。

❸ 锅内留底油，放入番茄酱、糖、盐、水淀粉和少量水，烧成稠汁。将对虾放入锅内，小火翻炒均匀，大火收汁即可。

营养师的悄悄话

鲜虾肉质细嫩，味道鲜美，并含有多种人体必需的微量元素，如铁、锌、硒，也是蛋白质含量高的水产品。

钙　锌　蛋白质

茄汁鸡肉饭

材料

鸡丁150克，土豆1个，胡萝卜1/2根，米饭1碗，洋葱、番茄酱、盐、植物油各适量

做法

❶ 土豆、胡萝卜、洋葱分别去皮洗净，切丁；番茄酱加水，搅匀成芡汁。

❷ 油锅烧热，下鸡丁煸炒，放入胡萝卜丁、洋葱丁、土豆丁，翻炒片刻后加少许水。

❸ 小火煮至土豆丁绵软，加盐调味，倒入芡汁煮至汤汁浓稠，浇在米饭上即可。

营养师的悄悄话

土豆富含碳水化合物，可以为孩子提供能量；胡萝卜中胡萝卜素含量较高，胡萝卜素可转化为维生素A，保护孩子的视力。

核桃乌鸡汤

材料

乌鸡1/2只，核桃仁、枸杞、葱段、姜片、盐各适量

做法

❶ 乌鸡洗净，剁块，入水煮沸，去浮沫，捞出洗净。

❷ 将乌鸡放入砂锅中，加适量水，放入核桃仁、枸杞、葱段、姜片同煮。

❸ 煮开后转小火，炖至肉烂，加盐调味即可。

营养师的悄悄话

核桃仁中含有较多的亚油酸与α－亚麻酸，其中α－亚麻酸在体内可转化成DHA，对孩子大脑发育具有一定帮助。鸡汤比较鲜，还可以用来煮面条或馄饨。

蒸白菜肉卷

材料

猪肉末150克，白菜叶2片，香菇、黑木耳、盐、酱油、蒜末、芝麻油、葱花各适量

做法

❶ 香菇、黑木耳分别泡发，洗净，切丁；白菜叶焯烫至八成熟捞出，切条。

❷ 猪肉末中放香菇丁、黑木耳丁、葱花、蒜末，加芝麻油、酱油、盐搅匀成肉馅。

❸ 将肉馅均匀地放在白菜叶上，卷好后放入蒸锅中，隔水蒸30分钟至熟。

营养师的悄悄话

猪肉为孩子提供优质的蛋白质和铁、锌等营养素。白菜含膳食纤维，适量摄入膳食纤维可以促进肠蠕动。

卷心菜蒸豆腐

材料

卷心菜嫩叶2片，鸡蛋1个，豆腐1/4块，盐适量

做法

❶ 卷心菜嫩叶洗净，切碎；豆腐洗净，切末。

❷ 鸡蛋取蛋黄打散，加入豆腐末搅拌成泥状。

❸ 再加入卷心菜碎和适量水、盐，搅拌后放入蒸锅中蒸熟即可。

营养师的悄悄话

卷心菜蒸豆腐富含蛋白质、钙等，营养丰富，也有利于吸引孩子的眼球。

燕麦奶糊

材料

奶粉30克或牛奶200毫升，速溶燕麦片50克

做法

❶ 奶粉中加入热水，冲开。

❷ 将速溶燕麦片加入热奶中，搅拌均匀即可。

营养师的悄悄话

燕麦含有丰富的淀粉、钙、铁、膳食纤维等，营养价值较小麦粉、大米高。丰富的膳食纤维有助于缓解孩子便秘。

铁　膳食纤维　蛋白质

香菇鸡片

材料

鸡胸脯肉100克，香菇4朵，红甜椒25克，植物油、高汤、姜片、盐各适量

做法

❶ 香菇、红甜椒、鸡胸脯肉分别洗净，切片。

❷ 油锅烧热，放入鸡胸脯肉炒至变色，盛出。

❸ 另起油锅，煸香姜片，放香菇片和红甜椒片翻炒，炒软后加入高汤烧开，放盐，倒入鸡肉片，再次翻炒，大火收汁。

营养师的悄悄话

鸡肉是良好的蛋白质来源，鸡肉中铁的含量介于畜肉和鱼肉之间；香菇营养丰富，味道鲜美，还含有香菇多糖和多种维生素等。

蛋白质　维生素C　胡萝卜素

芋头排骨汤

材料

排骨100克，芋头2个，料酒、葱花、姜片、盐各适量

做法

❶ 芋头去皮洗净，切块；排骨洗净，切段，放入开水中焯一下，去血沫后捞出，洗净备用。

❷ 排骨段、姜片、葱花、料酒放入锅中，加适量水，大火煮沸，转中火焖煮15分钟。

❸ 拣出姜片，加入芋头块和盐，小火煮45分钟即可。

营养师的悄悄话

汤里营养成分主要是油脂，对于需要补充能量的孩子可以适量多喝点汤，对于已经超重或肥胖的孩子需要控制荤汤的摄入。

香菇鸡丝粥

材料

鸡肉、大米各50克，干黄花菜10克，香菇3朵

做法

❶ 干黄花菜泡发，洗净；香菇洗净，切丝。

❷ 鸡肉洗净，切丝，大米淘净。

❸ 将大米、黄花菜、香菇放入盛有适量水的锅内煮沸，再放入鸡丝煮至粥熟。

营养师的悄悄话

黄花菜含有丰富的钙、钾、铁、锌、烟酸等。香菇中富含钙、磷、铁、B族维生素等成分。香菇鸡丝粥食材多样，营养丰富，有利于孩子生长发育。

美味鸡丝

材料

鸡胸脯肉150克，海鲜酱、盐、糖、植物油各适量

做法

❶ 鸡胸脯肉切块，煮熟，捞出后撕成丝。

❷ 鸡丝中加适量海鲜酱、盐、糖拌匀，腌制片刻。

❸ 油锅烧热，倒入腌制好的鸡丝，翻炒均匀即可。

营养师的悄悄话

鸡肉不仅富含优质蛋白质，也是铁、锌等微量元素的良好来源。

红烧猪脚

材料

猪脚1个，冰糖3颗，老抽、八角、姜、料酒、桂皮、盐、植物油各适量

做法

❶ 猪脚洗净，刮毛，斩块，焯水备用。

❷ 油锅烧热，放冰糖，小火熬至熔化，放入猪脚翻炒至上色，加入老抽、姜、八角、桂皮、料酒，翻炒出香后加适量水煮至猪脚软烂，大火收汁，加盐调味即可。

营养师的悄悄话

猪脚含有大量的胶原蛋白和饱和脂肪，偶尔给孩子解解馋可以，但不可贪吃。

玉米面发糕

材料

面粉、玉米面各100克，酵母、糖各适量

做法

❶ 面粉、玉米面、糖、酵母混合均匀，加水揉成面团。

❷ 面团放入蛋糕模具中，放温暖湿润处发酵40分钟左右。

❸ 面团坯放入蒸锅，大火蒸20分钟，取出后拿下模具，切成厚片。

营养师的悄悄话

玉米面发糕含有丰富的碳水化合物，可以为孩子提供能量。

白萝卜汤

材料

白萝卜1根，香菜、高汤、植物油各适量

做法

❶ 白萝卜去皮洗净，切块；香菜洗净，切段。

❷ 油锅烧热，放入白萝卜块翻炒片刻，加入高汤烧开后，转小火，烧至萝卜软烂，撒上香菜段即可。

白萝卜属于十字花科蔬菜，含有一定的钾、钙、维生素C、膳食纤维等营养素。

烤鸡肉串

材料

鸡胸脯肉200克，洋葱、黄甜椒、红甜椒、青椒各1个，盐、姜末、葱末、植物油各适量

做法

❶ 鸡胸脯肉洗净，切成小块，加入盐、葱末、姜末腌制2个小时。

❷ 洋葱、黄甜椒、青椒、红甜椒分别洗净，切成片后与腌制好的鸡肉块间隔串在竹签上，刷油。

❸ 烤箱预热180℃，上下火，鸡肉串放在烤盘上，烤20分钟即可。

营养师的悄悄话

鸡肉中含有丰富的优质蛋白质、铁、锌等。烤鸡肉串吃起来有独特的风味，妈妈可偶尔少量给孩子吃一次，不可贪吃。

白菜肉末面

材料

面条、白菜各100克，猪瘦肉50克，鸡蛋1个，盐、植物油各适量

做法

❶ 猪瘦肉洗净，剁成碎末，油锅炒熟；白菜择洗干净，切成碎末；鸡蛋打散。

❷ 锅中倒水烧开，加入面条煮软后，放入肉末、白菜末稍煮，再将蛋液淋入锅中，加适量盐即可。

营养师的悄悄话

如果孩子喜欢吃面条，可以适量增加吃面条的次数。很多家长认为吃米饭才有营养，其实面食的营养不比大米差。

肉酱意大利面

材料

意大利面100克，猪肉末50克，番茄2个，植物油、番茄酱、盐、蒜末各适量

做法

❶ 番茄去皮，切成小丁；油锅烧热，放入蒜末炒香后加入肉末，翻炒至变色，放入番茄丁，中火翻炒至软，加入盐、番茄酱、没过食材的水，小火煮30分钟至酱汁略收干。

❷ 准备一大锅水，放入1小勺盐煮沸，将意大利面放入锅中煮8分钟，捞出过凉水，沥干水分，盛在盘子里，浇上熬好的酱汁即可。

营养师的悄悄话

意大利面中含有碳水化合物，可为孩子提供充足的能量；肉酱意大利面风味独特，用番茄酱调味，有利于调动孩子的胃口。

红薯红枣粥

材料

红薯1/2个，大米30克，红枣3颗

做法

❶ 红薯洗净，去皮，切成小块；红枣洗净，去核，切片。

❷ 将大米淘洗干净后，加水大火煮开，再转小火，加入红薯块和红枣片，慢慢煮至大米与红薯熟烂即可。

营养师的悄悄话

红薯属于薯类，富含淀粉、胡萝卜素等。红薯红枣粥喝起来甜甜的，更容易打开孩子的食欲。

膳食纤维 碳水化合物 胡萝卜素

排骨汤面

材料

面条50～100克，排骨100克，盐、芝麻油各少许

做法

❶ 排骨洗净，切段，入沸水锅中焯一下。

❷ 将排骨放入锅内，加适量水，大火煮开后，转小火炖2小时。

❸ 盛出排骨汤放入另一锅中，去除表层过多的油脂，加入面条煮熟，加盐、滴几滴芝麻油盛出，加上排骨段即可。

营养师的悄悄话

排骨汤煮面味道鲜美，还可以加入蔬菜，如青菜、香菇、胡萝卜等，让营养更丰富。

菜花蛋蓉汤

材料

菜花100克，鸡蛋1个，植物油、盐各适量

做法

❶ 菜花掰成小朵，洗净，入锅焯烫2分钟，捞出备用；鸡蛋打散成蛋液。

❷ 锅内放油，下菜花煸炒，加适量水，待水烧开后，将蛋液淋入汤中，加盐煮开即可。

营养师的悄悄话

菜花含有丰富的钙、钾、维生素C等营养素，还含有丰富的膳食纤维，有利于预防孩子便秘。

四季

花样餐桌

套餐一

早餐	加餐	午餐	加餐	晚餐
三丁包	牛奶200毫升	什锦烩饭	酸奶100毫升	番茄牛腩面
二米粥	橙子1个	香菇鸡煲	核桃2个	面汤1碗
		菌菇汤		桃子1个
		圣女果5个		

三丁包

材料

鸡肉100克，土豆80克，香菇2朵，面粉200克，酵母、盐、植物油各适量

做法

❶ 面粉加温水、酵母和好，揉成面团，放温暖湿润处发酵。

❷ 鸡肉洗净，剁成肉馅，加盐、植物油拌匀；土豆、香菇分别洗净，切丁，与鸡肉混合做馅。

❸ 面团切小块，擀成圆片，将馅料放入圆片中间，收边捏紧，制成包子生坯，放进蒸锅里，隔水蒸熟即可。

二米粥

材料

大米30克，小米20克

做法

❶ 大米淘洗干净，浸泡30分钟；小米洗净。

❷ 大米和小米放入锅中，加适量水，熬至软烂即可。

香菇鸡煲

材料

香菇30克，春笋1根，仔鸡半只，盐、葱段各适量

做法

❶ 香菇洗净，切块；春笋洗净，切丝；仔鸡去内脏洗净，放入沸水中焯水，切块。

❷ 锅内放入清水和鸡块，大火烧开，撇去浮沫，加入笋丝、香菇块、盐、葱段，转中火炖至鸡肉熟烂。

菌菇汤

材料

白菜心100克，香菇、草菇、平菇各3朵，盐、葱段各适量

做法

❶ 香菇洗净，去蒂，划花刀；平菇洗净，切去根部；草菇洗净，切开；白菜心洗净。

❷ 锅内加水烧开，放白菜心烧至半熟，加入香菇、草菇、平菇、葱段，小火煮软，加盐调味即可。

番茄牛腩面

材料

面条100 克，牛腩50克，番茄1个，植物油、姜片、葱花、盐、芝麻油、水淀粉各适量

做法

❶ 牛腩洗净，切块；番茄洗净，去皮切块；面条煮熟，过水后盛入碗中备用。

❷ 油锅烧热，爆香姜片、葱花，放牛腩块煸炒，再放番茄块翻炒均匀，用水淀粉勾芡，加盐调味，盛出后浇在面条上，淋上芝麻油。

套餐二

早餐	加餐	午餐	加餐	晚餐
鲜肉馄饨 ▸	牛奶200毫升	鸡丝拌面	胡萝卜橙汁 ▸	红枣红薯饭
芝麻酱拌生菜	苹果1个	土豆炖牛肉 ▸		四季豆烧肉
		双味毛豆 ▸		白萝卜泡菜
		葡萄5颗		豆腐青菜羹 ▸

鲜肉馄饨

材料

猪肉末100克，馄饨皮10张，盐、葱姜水、芝麻油、葱花各适量

做法

❶ 猪肉末中加入盐，用筷子顺一个方向搅拌，再慢慢加入葱姜水，继续搅拌。

❷ 馄饨皮包入馅，包成馄饨。

❸ 在沸水中下入馄饨，加一次冷水，待再沸后捞起，盛入碗中，淋上芝麻油，撒上葱花即可。

土豆炖牛肉

材料

牛肉100克，土豆1个，生抽、老抽、盐、葱段、植物油各适量

做法

❶ 牛肉洗净，切块，开水下锅焯水去除血污，捞出沥水；土豆洗净，去皮切块。

❷ 油锅烧热，爆香葱段，加入牛肉块翻炒至变色。

❸ 倒入生抽、老抽炒匀，加水，大火煮开，小火煮30分钟后放入土豆块煮至熟烂，大火收汤，加盐调味。

双味毛豆

材料

毛豆200克，柠檬1个，白芝麻、黑胡椒粉、盐各适量

做法

❶ 毛豆剥壳洗净，放入锅中，加足量水煮10分钟，捞出过凉。

❷ 炒熟白芝麻，加盐磨成白芝麻碎；擦丝机擦取柠檬表皮，加黑胡椒粉和盐制成柠檬碎。

❸ 毛豆分成2份，分别将白芝麻碎与柠檬碎调入毛豆中。

胡萝卜橙汁

材料

胡萝卜1/2个，橙子1个

做法

❶ 橙子去皮切块；胡萝卜洗净，去皮切块。

❷ 将橙子块、胡萝卜块放进榨汁机榨汁，过滤掉残渣即可。

豆腐青菜羹

材料

豆腐50克，青菜30克，鸡蛋1个，葱花、芝麻油、盐各适量

做法

❶ 把豆腐压成泥；青菜焯水后切末；鸡蛋打散成蛋液。

❷ 将青菜末、豆腐泥、蛋液搅拌均匀，淋上芝麻油，倒入锅中，加适量水，小火煮至熟，撒上葱花，加盐调味即可。

套餐三

早餐	加餐	午餐	加餐	晚餐
鱼泥馄饨	牛奶200毫升	糙米小米饭	香蕉酸奶昔	杂粮饭
手撕包菜	苹果1个	宫保鸡丁		鲈鱼炖豆腐
		香菇鹌鹑蛋汤		木耳炒扁豆
		香瓜2片		菠菜蛋花汤

手撕包菜

材料

包菜200克，植物油、盐、蒜末、醋、黄豆酱各适量

做法

❶ 包菜洗净，用手撕成小片。

❷ 油锅烧热，爆香蒜末，加包菜翻炒至熟，加黄豆酱、盐、醋炒匀即可。

糙米小米饭

材料

小米30克，糙米20克，大米50克

做法

❶ 小米、糙米、大米淘洗干净，糙米浸泡2小时以上。

❷ 将小米、大米和糙米放入锅中，加入适量水，煮熟即可。

香菇鹌鹑蛋汤

材料

香菇50克，鹌鹑蛋3个，黑木耳2朵，青菜2棵，植物油、盐、高汤各适量

做法

❶ 香菇洗净，切丁；青菜洗净，切碎；黑木耳洗净，切碎；锅中放冷水，用小火煮熟鹌鹑蛋，去壳。

❷ 油锅烧热后，放入香菇煸炒，然后加入高汤，煮开后放入青菜碎、黑木耳碎、鹌鹑蛋再煮3分钟，加盐调味即可。

鲈鱼炖豆腐

材料

去骨鲈鱼1条，豆腐100克，香菇3朵，植物油、盐、姜片各适量

做法

❶ 去骨鲈鱼洗净，切块；豆腐洗净切块；香菇洗净，切片。

❷ 将姜片放入油锅中炒香，加水烧开，加入豆腐块、香菇片、鲈鱼块，炖煮至熟，加盐调味即可。

菠菜蛋花汤

材料

菠菜100克，鸡蛋1个，芝麻油、盐各适量

做法

❶ 菠菜焯水后切段；鸡蛋打散成蛋液。

❷ 锅内加适量水，烧开后放入菠菜，再将蛋液淋入汤中，滴少许芝麻油，煮开后加盐调味即可。

套餐四

早餐	加餐	午餐	加餐	晚餐
青菜豆腐包	橙子1个	照烧鸡腿饭团 ▸	酸奶100毫升	虾仁韭菜水饺 ▸
牛奶鸡蛋羹 ▸		芹菜炒豆干 ▸		时蔬汤
		萝卜丝虾丸汤 ▸		
		哈密瓜2片		

牛奶鸡蛋羹

材料

鸡蛋2个，牛奶100毫升，盐、芝麻油各适量

做法

❶ 鸡蛋打散，加入牛奶和盐搅匀。

❷ 将牛奶蛋液倒入容器中，盖上保鲜膜，放入水烧开的蒸锅内，大火蒸2分钟后转小火蒸10~15分钟，淋上芝麻油即可。

照烧鸡腿饭团

材料

熟米饭1碗，鸡腿肉50克，姜片、蜂蜜、生抽、黑芝麻各适量

做法

❶ 鸡腿肉洗净，切片；蜂蜜、生抽调匀，制成照烧酱。

❷ 姜片、生抽制成腌料，腌鸡腿肉片。

❸ 将鸡腿肉片放入锅中，加照烧酱，小火熬至汤汁浓稠，冷却后切丁。另取锅，炒香黑芝麻，拌入熟米饭中，待米饭稍冷却后，包起照烧鸡腿丁，搓捏成饭团即可。

芹菜炒豆干

材料

芹菜2棵，豆干2块，姜丝、盐、植物油各适量

做法

❶ 芹菜洗净，切段；豆干洗净，切条。

❷ 油锅烧热，放入姜丝煸香，再放入芹菜段、豆干条煸熟，放入盐调味即可。

萝卜丝虾丸汤

材料

白萝卜50克，虾丸5个，葱花、盐、植物油各适量

做法

❶ 白萝卜洗净，去皮，擦成细丝。

❷ 油锅烧热，爆香葱花，放入白萝卜丝翻炒，炒至断生，加适量水，烧开后加入虾丸，煮至白萝卜丝变软，用盐调味即可。

虾仁韭菜水饺

材料

虾仁20个，韭菜1把，饺子皮10张，葱花、盐、老抽、芝麻油各适量

做法

❶ 韭菜、虾仁分别洗净，切成碎末，准备一个大碗，倒入虾仁末、韭菜末，加入葱花、盐、老抽和芝麻油搅拌成馅。

❷ 饺子皮上放适量馅包成饺子。

❸ 锅中放水，烧开后下饺子煮熟即可。

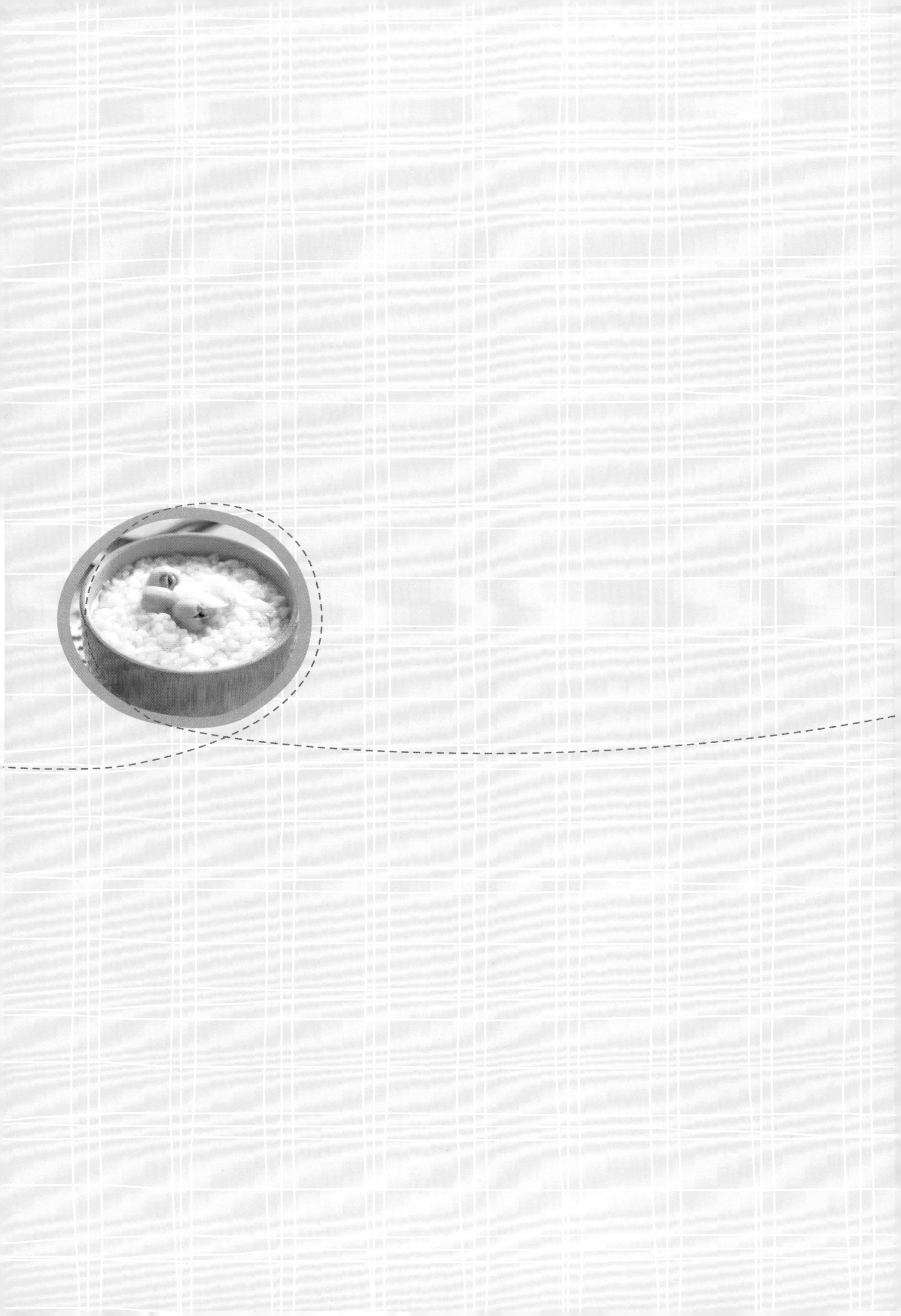

第六章

日常调理食谱

补锌

锌是人体重要的微量元素，能够参与生长发育、维持孩子食欲等。缺锌会导致孩子食欲低下、生长落后。一般来说，动物来源的食物锌的吸收率高于植物来源的锌。

推荐食材：生蚝，海蛎肉，蛏子，扇贝，鸡肝，猪肝，牛肉，松子，香菇

营养师小叮咛：除了在正餐中摄入富含锌的食物之外，在家长亲手制作的零食中加入一些胚芽粉（如小麦胚芽粉）、坚果（如松子、山核桃等）也有利于补锌！

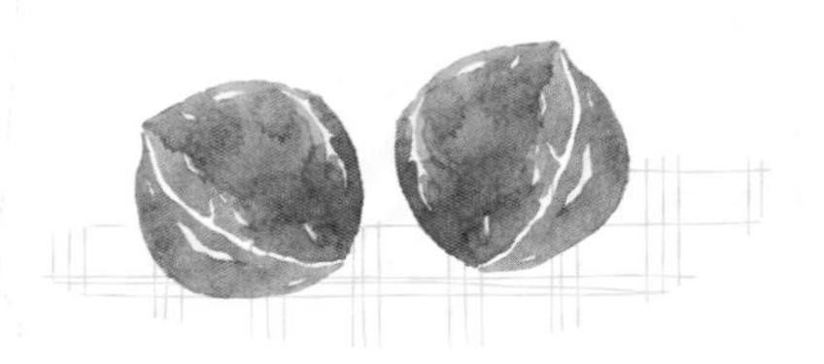

蒜香生蚝

材料

生蚝3~4个，粉丝20克，蒜末、姜末、蚝油、生抽、糖、料酒、葱花、盐、植物油各适量

做法

❶ 生蚝用刷子刷干净；粉丝泡软备用。

❷ 油锅烧热，加入蒜末、姜末炒匀，再加入糖、蚝油、料酒、盐、生抽炒香成蒜蓉酱。

❸ 将粉丝均匀地放在生蚝上，铺上蒜蓉酱，撒上葱花，放入蒸锅，隔水蒸熟即可。

对孩子的好处

生蚝是补锌的良好食材，含锌达到71.2毫克/100克，是猪瘦肉的24倍，花生的40倍，还含有优质蛋白和硒。

海鲜炒饭

材料

米饭1碗，鸡蛋1个，虾仁50克，蛏干20克，盐、干淀粉、植物油各适量

做法

❶ 鸡蛋分蛋清、蛋黄打散；虾仁加干淀粉与部分蛋清拌匀，汆水捞出；蛏干洗净，切碎。
❷ 油锅烧热，将蛋黄煎成蛋皮，切丝。
❸ 另起一锅，放油烧热，将剩余蛋清、蛏干碎、虾仁炒匀，再加米饭炒熟，拌入蛋丝，加盐调味即可。

对孩子的好处

蛏干含丰富的锌、铁、硒等微量元素，其中含锌13.6毫克/100克，是猪瘦肉的4.5倍；含铁88.8毫克/100克，是猪瘦肉的30倍；含硒121.2微克/100克，是猪瘦肉的13倍。

菠菜猪肝汤

材料

猪肝、菠菜各50克，盐、芝麻油各适量

做法

❶ 猪肝洗净，切片；菠菜洗净，切小段，焯水。
❷ 另取一锅加水煮沸，下入猪肝片，烧开后撇去浮沫，放入菠菜段，再烧开后，加盐调味，淋上芝麻油即可。

对孩子的好处

肝类营养价值非常高，富含多种营养素，包括铁、锌、B族维生素、维生素A 等，其中含有的铁属于血红素铁，吸收率高。对于缺铁性贫血的孩子，尤其要注意肝类的适量摄入。

补铁

铁参与血红蛋白的合成，缺铁会导致缺铁性贫血，长期缺铁性贫血会影响孩子智力发育和认知能力。

推荐食材：动物性食物如鸭血，猪肝，猪血，海参，牛肉，猪肉；植物性食材如黑木耳，紫菜，芝麻酱，白蘑菇，豆腐皮

营养师小叮咛：动物性食物铁的吸收率高于植物性食物，维生素C有利于植物性食物的铁吸收。

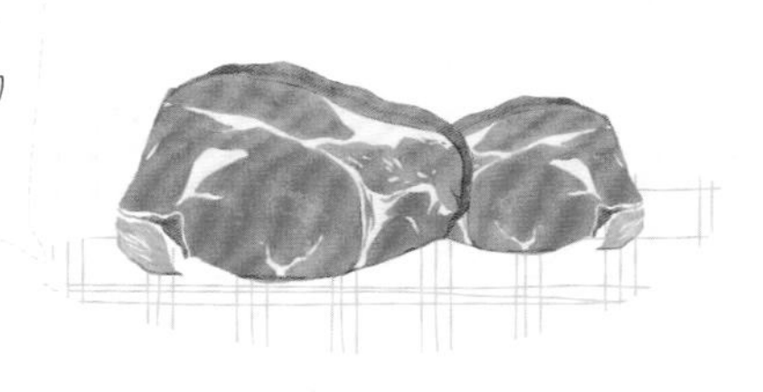

黑芝麻花生糊

材料

黑芝麻、花生仁各适量

做法

❶ 黑芝麻放入锅中炒香；花生仁洗净去皮，沥干。

❷ 将黑芝麻、花生仁用搅拌机搅成末。

❸ 加入适量开水搅拌成糊。

对孩子的好处

黑芝麻中的钙、铁、锌含量都非常高，可以给孩子适量吃点芝麻糊或芝麻酱。

煎猪肝丸子

材料

猪肝100克，番茄1个，鸡蛋1个，洋葱丁、面包粉、干淀粉、水淀粉、番茄酱、盐、植物油各适量

做法

❶ 番茄洗净，去皮切丁；猪肝浸泡后与洋葱丁一起用料理机打碎，打入鸡蛋，加面包粉、干淀粉、盐搅匀，做成丸子。

❷ 油锅烧热，放入丸子，小火煎至金黄。

❸ 锅中留底油，放番茄丁翻炒出汁，加番茄酱、盐、水烧开，用水淀粉勾薄芡，倒入猪肝丸子，煮至汤汁浓稠。

对孩子的好处

猪肝中铁与锌的含量都很高，也是补充维生素A的良好食材。

黑木耳炒肉末

材料

猪肉末50克，黑木耳10朵，盐、植物油各适量

做法

❶ 黑木耳泡发后，洗净，切碎。

❷ 油锅烧热，下猪肉末炒至变色，下黑木耳，炒熟后加盐炒匀即可。

对孩子的好处

猪肉、黑木耳中都富含铁，是补铁的良好食材。可以在黑木耳炒肉末中加点甜椒，以促进铁的吸收。

胡萝卜肉末羹

材料

土豆1个，胡萝卜1根，猪肉末50克，盐适量

做法

❶ 土豆、胡萝卜分别去皮洗净，切成小块；将土豆块、胡萝卜块放入搅拌机，加适量水打成泥。

❷ 把胡萝卜土豆泥与猪肉末混合在一起，加入适量盐，搅拌均匀，上锅蒸熟即可。

胡萝卜含有丰富的胡萝卜素，土豆中丰富的碳水化合物，能为孩子的日常运动供给能量。而且一个中等大小（约150克）的土豆中，维生素C含量与一个柠檬相等。

胡萝卜素　铁

鸡肝粥

材料

鸡肝15克，大米50克

做法

❶ 鸡肝浸泡，洗净，焯水后切碎；大米淘洗干净，浸泡半小时。

❷ 将大米放入锅中，加适量水，大火煮沸，放入鸡肝，同煮至熟即可。

对孩子的好处

鸡肝富含维生素A和铁、锌等营养素，是补铁的良好食材，但考虑到安全性，应适量摄入。

牛肉鸡蛋粥

材料

牛里脊肉30克，鸡蛋1个，大米50克，盐、芝麻油各适量

做法

❶ 大米淘洗干净，浸泡30分钟。

❷ 牛里脊肉洗净，切末；鸡蛋打散。

❸ 将大米放入锅中，加水，大火煮沸，放入牛里脊肉末，同煮至熟，淋入鸡蛋液稍煮，加盐、芝麻油即可。

对孩子的好处

牛肉鸡蛋粥含有丰富的碳水化合物、蛋白质、卵磷脂、铁、锌等，其中丰富的铁可以预防孩子的缺铁性贫血。

洋葱炒猪肝

材料

猪肝50克，洋葱100克，鸡蛋1个，水淀粉、盐、糖、植物油各适量

做法

❶ 猪肝洗净，切丝；洋葱去皮，洗净，切丝；鸡蛋取蛋清。

❷ 猪肝丝中加入蛋清、盐、糖、水淀粉搅拌均匀。

❸ 油锅烧热，放入猪肝丝、洋葱丝煸炒至熟。

铁　锌　硫化物　维生素A

对孩子的好处

猪肝富含铁、锌、维生素A等，可为孩子每周安排1~2次。

滑子菇炖肉丸

材料

滑子菇、猪肉末各100克，胡萝卜50克，盐、面粉、芝麻油各适量

做法

❶ 滑子菇洗净；胡萝卜洗净，切片；猪肉末加盐、面粉，搅拌均匀，做成肉丸。

❷ 锅中加入清水，烧沸后下肉丸，小火煮开，再放入滑子菇、胡萝卜片，煮熟后加入芝麻油即可。

对孩子的好处

将菌菇与肉丸相结合，让孩子吃到美味的同时，又能起到补铁的作用。妈妈可以举一反三，搭配菠菜、黑木耳等。

猪肉荠菜馄饨

材料

猪瘦肉100克，馄饨皮10张，荠菜50克，盐、芝麻油、蚝油各适量

做法

❶ 猪瘦肉、荠菜分别洗净，剁碎，加盐、蚝油拌成馅。

❷ 馄饨皮包入馅，包成馄饨。

❸ 在沸水中下入馄饨，加一次冷水，待再沸后捞起，放在碗中，淋上芝麻油即可。

对孩子的好处

猪瘦肉与荠菜的铁含量都很高，但肉类中的铁吸收率高，荠菜还含有一定的维生素C和丰富的胡萝卜素。

补钙

钙是骨骼和牙齿的重要组成部分。不少妈妈担心孩子缺钙，就会给孩子补充钙剂。其实，还是建议通过食物来获得充足的钙。很多食材富含钙，是钙的良好来源，家长可以适当多给孩子吃含钙丰富的食物。

推荐食材：牛奶，酸奶，奶酪，豆腐，豆腐干，芝麻酱，虾，油菜心，小白菜，西蓝花

营养师小叮咛：苋菜、菠菜、空心菜含钙虽然高，但含有较多的草酸，会影响钙的吸收率。

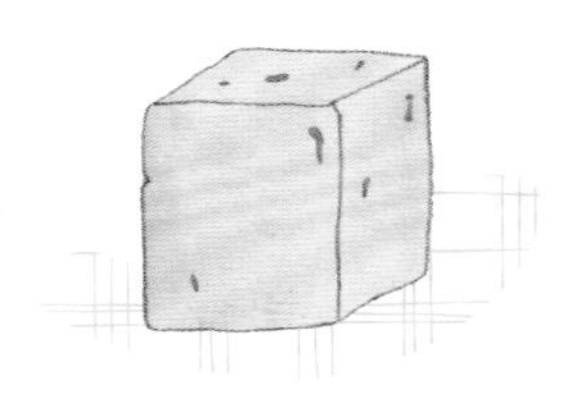

山药炒虾仁

材料

山药、胡萝卜各1/2根，虾仁100克，鸡蛋清1个，盐、干淀粉、醋、料酒、植物油各适量

做法

❶ 山药、胡萝卜分别去皮洗净，切片，放入沸水中焯烫；虾仁洗净，用鸡蛋清、盐、干淀粉腌制片刻。

❷ 油锅烧热，下虾仁炒至变色后捞出；放入山药片、胡萝卜片炒熟，加醋、料酒、盐，翻炒均匀，再放入虾仁炒匀。

对孩子的好处

虾仁含有丰富的钙与蛋白质，每周可安排2次虾。

虾仁蒸蛋

材料

干香菇3朵，虾仁2个，鸡蛋1个，盐、芝麻油各适量

做法

❶ 干香菇泡发，洗净，去蒂，切碎；虾仁处理干净，切碎。

❷ 鸡蛋打散，加凉开水、盐搅匀，放入蒸锅隔水蒸至半熟。

❸ 将香菇碎、虾仁碎撒在蛋羹表面，蒸熟后，淋入少许芝麻油调味。

对孩子的好处

虾仁、鸡蛋含有丰富的钙，虾仁还含有丰富的铁、硒等营养素。

鲫鱼豆腐汤

材料

鲫鱼1条，豆腐1块，盐、葱花、姜片、植物油各适量

做法

❶ 鲫鱼处理干净，在鱼身两侧划几道花刀；豆腐洗净，切片，入沸水锅中焯烫，捞出沥水。

❷ 油锅烧热，放入鲫鱼煎至两面金黄，加适量水、姜片，大火烧10分钟，加豆腐片。

❸ 烧开后转小火炖10分钟，撒上葱花，加盐调味即可。

对孩子的好处

豆腐富含钙，是补钙的良好食材，但内脂豆腐含钙很低。

芝麻酱拌面

3岁以上

材料

面条50~100克，黄瓜1/2根，芝麻酱、芝麻油、植物油、白芝麻、熟花生仁、盐、醋各适量

做法

1. 黄瓜洗净，切丝；在芝麻酱中调入芝麻油、盐、醋，制成酱汁；熟花生仁去皮。
2. 油锅烧热，小火翻炒白芝麻、花生仁至出香味，盛出碾碎备用。
3. 面条放入沸水中，煮熟后过凉沥干，盛盘。
4. 将酱汁淋在面上，撒上黄瓜丝、花生芝麻碎即可。

对孩子的好处

芝麻酱不但含有丰富的油脂，还富含钙，是补钙的食材之一。

钙 碳水化合物

香菇豆腐塔

2岁以上

材料

豆腐1块，干香菇3朵，冬笋20克，高汤1碗，植物油、盐各适量

做法

❶ 干香菇泡发，洗净，去蒂切片；冬笋洗净，切片。

❷ 豆腐切块，锅中加水烧开，下豆腐焯烫，捞出备用。

❸ 油锅烧热，依次加入香菇片、冬笋片翻炒，下豆腐块，加高汤烧煮片刻，加盐调味即可。

对孩子的好处

豆腐含有丰富的蛋白质、钙等营养素，日常膳食中可经常为孩子安排。

蛋白质 钙

南瓜虾皮汤

1岁以上

材料

南瓜100克，虾皮25克，盐、植物油各适量

做法

❶ 将南瓜洗净，去皮，去瓤，切成薄片；虾皮淘洗干净。

❷ 油锅烧热，放入南瓜片爆炒几下，加入清水和虾皮。

❸ 南瓜煮烂时，加入盐调味即可。

对孩子的好处

虾皮中钙、磷的含量很丰富，素有“钙库”之称，但家长不能依靠虾皮来给孩子补钙，一方面是摄入有限，另一方面是虾皮中钙的吸收率不是很高。

胡萝卜素 钙

补碘

碘是孩子生长发育中必不可少的微量元素，能够促进生长发育和脑发育，调节新陈代谢等。

推荐食材：紫菜，海带

营养师小叮咛：孩子1岁以后，妈妈在营养餐中要用含碘盐，并可以选择一些含碘丰富的天然食品，如海带、紫菜等。

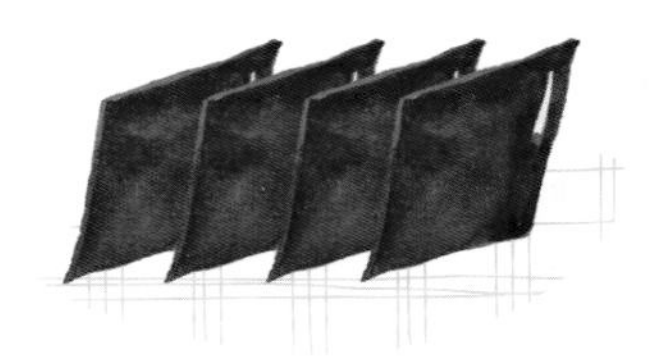

肉末海带羹

材料

猪肉末50克，海带30克，植物油、盐各适量

做法

❶ 海带洗净，切末。

❷ 油锅烧热，下猪肉末略炒，盛出备用。

❸ 锅内加水煮开，放海带末煮熟，倒入炒好的猪肉末，边煮边搅，煮熟后加盐即可。

对孩子的好处

海带含碘量高，有利于预防碘的缺乏，但对于甲亢患者，需要回避高碘食物。

凉拌海带干丝

材料

海带丝100克,干丝50克,芝麻油1匙,葱丝、蒜蓉、盐各适量

做法

❶ 海带丝洗净，放入沸水中焯一下；干丝洗净。

❷ 海带丝、干丝摆盘，加入葱丝、蒜蓉拌匀，再加盐调味，最后淋上芝麻油。

对孩子的好处

海带中碘、钙含量较为丰富,但要注意煮软、切碎，以利于孩子消化吸收。

紫菜豆腐汤

材料

紫菜20克,豆腐150克,虾皮、芝麻油、盐、植物油各适量

做法

❶ 豆腐洗净，切小块。

❷ 锅中倒油烧热，放入虾皮炒香，倒入清水烧开。

❸ 放豆腐块、紫菜煮2分钟，最后加入盐和芝麻油调味即可。

对孩子的好处

紫菜是补碘的好食材；豆腐、虾皮中钙和蛋白质的含量非常丰富，有助于孩子骨骼与体内各器官的发育。

补硒

硒是人体必需的微量元素，具有抗氧化作用，可保护心血管和心肌的健康，还具有增强免疫力和有毒重金属解毒的作用。

推荐食材：肉类，贝类，肝类，蛋黄，鱼类，蘑菇，扁豆

营养师小叮咛：正常情况下，如果日常饮食注意荤素搭配，一般不会缺硒。

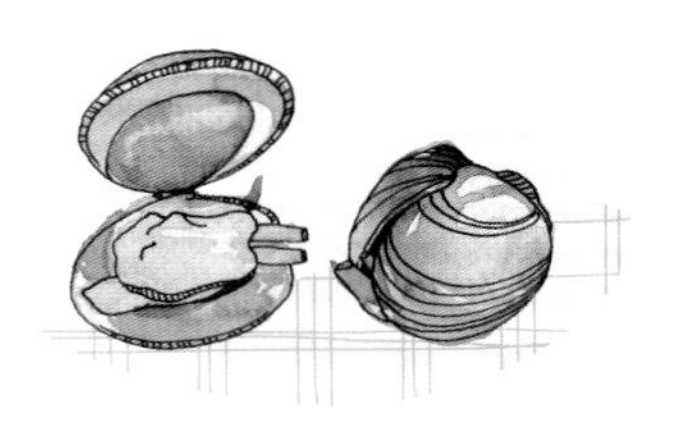

蛋白质　硒　膳食纤维

蛤蜊冬瓜汤

材料

青菜、冬瓜各50克，蛤蜊肉30克，盐少许

做法

❶ 冬瓜洗净，去皮去瓤，切片；青菜洗净，切段。

❷ 锅内加适量清水，放入蛤蜊肉、青菜段和冬瓜片，煮熟后加盐调味即可。

对孩子的好处

蛤蜊肉嫩味鲜，富含蛋白质、锌、铁、硒等，每100克蛤蜊肉含有54.3微克的硒，有利于增强孩子的免疫力。

清烧鳕鱼

材料

鳕鱼肉80克，植物油、姜末、葱花各适量

做法

❶ 鳕鱼肉洗净，切小块，用姜末腌制。
❷ 将鳕鱼块入油锅煎片刻，加入适量水，加盖煮熟，撒上葱花即可。

对孩子的好处

鳕鱼是优质蛋白质和硒、钙的良好来源，特别是它含有的不饱和脂肪酸，对孩子大脑和眼睛的发育有利。

松仁海带汤

材料

松仁20克，海带50克

做法

❶ 松仁洗净；海带洗净，切成细丝。
❷ 锅内放入水、松仁、海带丝，用小火煨熟即可。

对孩子的好处

松仁含有丰富的不饱和脂肪酸、锌、铁、钙；海带中含有丰富的硒，硒属于微量元素，具有抗氧化、增强免疫力、促进生长等作用。

维护好视力

除了先天视力障碍的孩子，大部分视力低下的孩子都是由后天用眼不当导致的，缺乏维生素A也会影响视力，DHA与视力发育密切相关。

因此，妈妈要为孩子制定好合理的食谱，制作一些富含DHA、维生素A、胡萝卜素的菜肴。

推荐食材：鳗鱼，猪肝，鸡肝，胡萝卜，南瓜

营养师小叮咛：除了营养摄入不均而导致的儿童视力降低外，不良的用眼习惯也是一大影响因素，家长一定要严格控制3岁以下孩子玩手机、看电视的时间，尽量不让孩子接触。

胡萝卜素　膳食纤维　碳水化合物

胡萝卜蛋炒饭

材料

米饭100克，鸡蛋2个，胡萝卜、菠菜各20克，葱末、盐、植物油各适量

做法

❶ 胡萝卜洗净，切丁；菠菜洗净，切碎；把鸡蛋打成蛋液。

❷ 锅中倒油，放鸡蛋液炒散，盛出。

❸ 另起油锅，放葱末煸香，加入米饭、胡萝卜丁、菠菜碎、鸡蛋翻炒，加盐调味即可。

对孩子的好处

菠菜与胡萝卜都属于胡萝卜素含量很高的蔬菜，可以在孩子体内转化为维生素A。

三文鱼三明治

2岁以上

材料

三文鱼、芋头各30克，番茄1个，吐司面包2片，盐适量

做法

❶ 三文鱼蒸熟，捣成泥；番茄洗净，切丁。

❷ 芋头蒸熟，去皮捣成泥，拌入三文鱼泥，再加少许盐调味。

❸ 将做好的三文鱼芋头泥涂抹在吐司上，加番茄丁，盖上另一片吐司，斜角切开即可。

对孩子的好处

三文鱼富含DHA，每周摄入1~2次海鱼，如三文鱼、黄鱼等，有助于为孩子补充DHA。

鳗鱼饭

3岁以上

材料

米饭1碗，即食鳗鱼1条，海苔1片，生抽、老抽、料酒、糖、熟白芝麻各适量

做法

❶ 即食鳗鱼整条放入锅内，加入生抽、老抽、料酒、糖，小火煮到汤汁浓稠。

❷ 将煮好的鳗鱼趁热切片，放在米饭上，浇上汤汁。

❸ 海苔用手稍捏碎，撒在鳗鱼上，再撒上熟白芝麻即可。

对孩子的好处

鳗鱼富含DHA，充足的DHA摄入有利于孩子视力发育和维护视力。

便秘

膳食纤维摄入不足，容易导致孩子大便干燥。平时应适量给孩子吃一些膳食纤维含量多的食物，还要引导孩子养成良好的排便习惯。

推荐食材：燕麦，红豆，芹菜，韭菜，火龙果，西梅，桃

营养师小叮咛：一般加工越精细的食物，膳食纤维含量越少，孩子的主食应含有全谷类或杂豆。

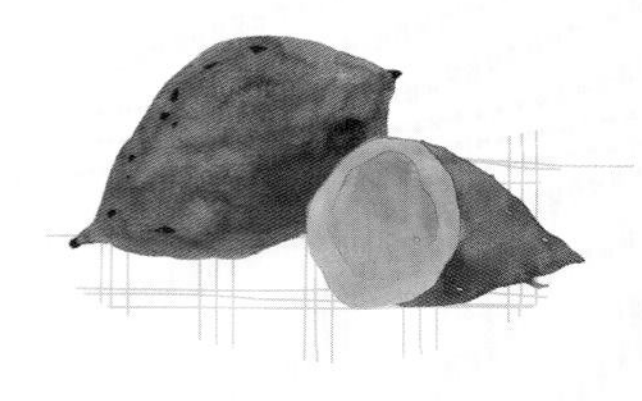

膳食纤维　多不饱和脂肪酸　钙

什锦燕麦片

材料

即食燕麦片50克，核桃仁20克，杏仁、葡萄干、榛子仁各10克，牛奶适量

做法

❶ 将榛子仁、杏仁、核桃仁、葡萄干切碎。

❷ 牛奶微微加热，加入即食燕麦片与坚果碎、干果碎，搅拌均匀即可。

对孩子的好处

燕麦富含膳食纤维，与富含多不饱和脂肪酸的核桃仁、杏仁混合在一起，营养丰富，能够补充能量，又能起到预防便秘的作用。

苹果玉米汤

材料

苹果1/2个，玉米1/2根

做法

❶ 苹果洗净，去皮去核，切块；玉米洗净，切成块。

❷ 把玉米、苹果放入汤锅中，加适量水，大火煮开，再转小火煲40分钟即可。

对孩子的好处

苹果可以煮熟给孩子食用，尤其是冬天天冷时，和膳食纤维丰富的玉米搭配，有利于预防便秘。

膳食纤维　碳水化合物

素三脆

材料

银耳10克，胡萝卜1/2根，西蓝花50克，芝麻油、植物油、盐各适量

做法

❶ 银耳泡发，去根，撕成小朵；胡萝卜洗净，切丁；西蓝花洗净，择成小朵，焯熟。

❷ 锅内加水烧热，煮熟银耳，取出备用。

❸ 油锅烧热，加西蓝花、胡萝卜丁，翻炒均匀，加盐调味，与银耳一起装盘，淋入芝麻油。

对孩子的好处

西蓝花富含膳食纤维，营养价值较高，可以给便秘的孩子适量摄入。

维生素C　胡萝卜素　膳食纤维

玉米鸡丝粥

材料

鸡肉40克，大米25克，玉米粒、芹菜各50克，盐适量

做法

❶ 大米洗净，加水煮成粥；芹菜洗净，切丁。

❷ 鸡肉洗净切丝，放入粥内同煮。

❸ 粥熟时，加入玉米粒和芹菜丁，加盐稍煮片刻即可。

对孩子的好处

玉米富含膳食纤维，可促进胃肠蠕动，便秘的孩子可适量食用。

鲜蘑核桃仁

材料

鲜蘑菇100克，核桃仁20克，鸡汤1碗，芝麻油1匙，水淀粉、糖、盐各适量

做法

❶ 鲜蘑菇洗净，切丝。

❷ 锅中加入鸡汤、鲜蘑菇丝、盐、糖，大火烧开，再加入核桃仁，煮沸后，用水淀粉勾芡，淋上芝麻油出锅即可。

对孩子的好处

蘑菇、核桃都含有丰富的膳食纤维，核桃还富含不饱和脂肪酸，对于孩子的便秘有预防和缓解作用。

芹菜炒香菇

材料

芹菜100克，鲜香菇4朵，胡萝卜1根，葱花、盐、植物油各适量

做法

❶ 芹菜择去老叶，洗净，切成小段；胡萝卜洗净，切成片；鲜香菇洗净，切成块备用。

❷ 油锅烧热，放葱花爆香，放入芹菜段、胡萝卜片、香菇块煸炒至熟，加盐炒匀即可。

对孩子的好处

芹菜富含膳食纤维，适量摄入有利于预防便秘。

三豆汤

材料

绿豆、红豆、黑豆各20克

做法

❶ 绿豆、红豆、黑豆分别洗净，泡软。

❷ 绿豆、红豆、黑豆一起放入锅中，加适量水，小火熬煮至豆烂即可。

对孩子的好处

绿豆、红豆、黑豆属于粗杂粮，富含淀粉，也含有丰富的膳食纤维。

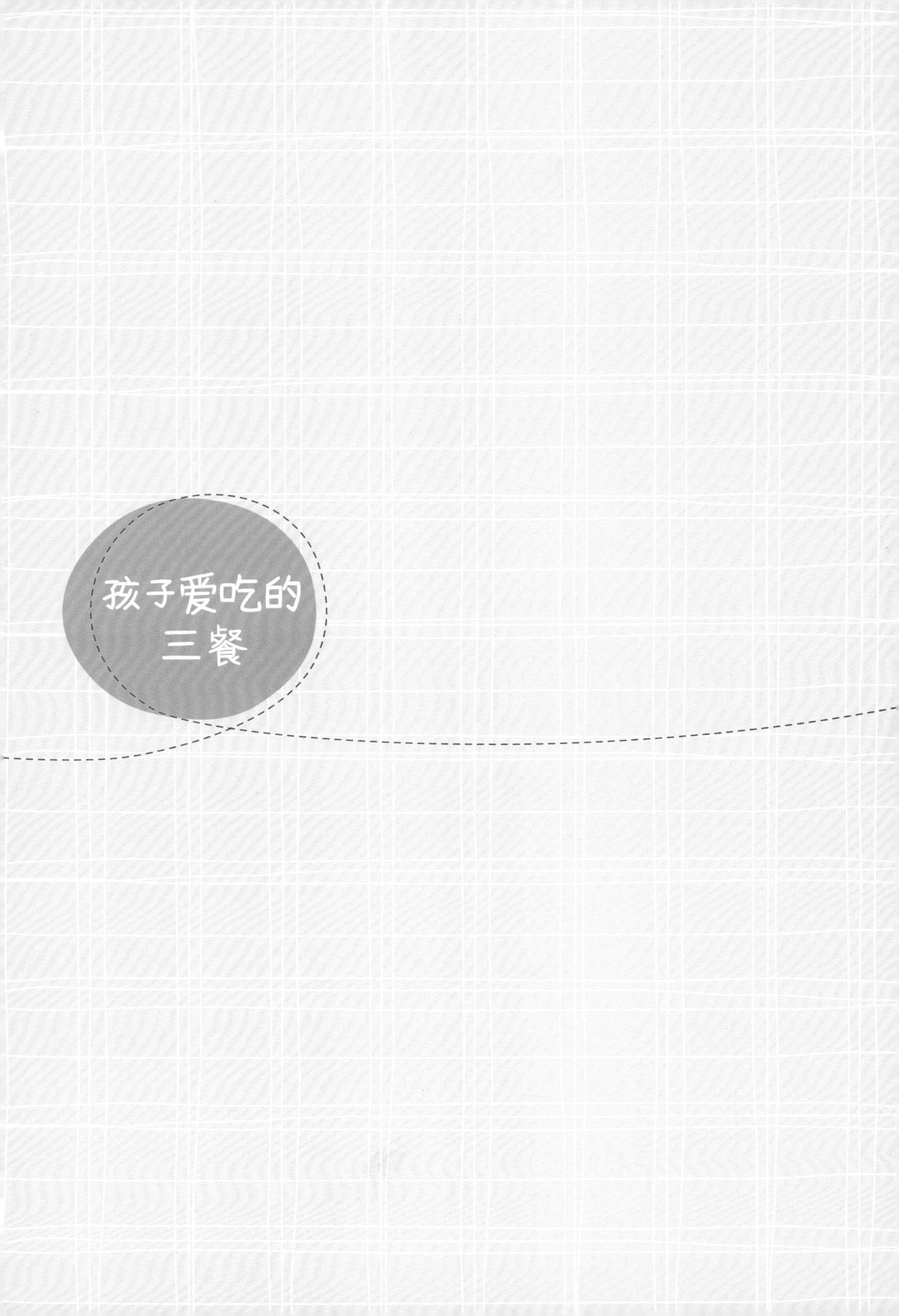
孩子爱吃的
三餐

[1] 中国营养学会．中国居民膳食营养素参考摄入量（2013 版）[M]．北京：科学出版社，2014.

[2] 斯蒂文•谢尔弗．美国儿科学会育儿百科（第 6 版）[M]．陈铭宇，周莉，池丽叶，译．北京：北京科学技术出版社，2016.

[3] 杨月欣，王光亚，潘兴昌．中国食物成分表（第 2 版）[M]．北京：北京大学医学出版社，2009.

[4] 中国营养学会．中国居民膳食指南 2016[M]．北京：人民卫生出版社，2016.

[5] 刘长伟．辅食每周吃什么 [M]．南京：江苏凤凰科学技术出版社，2018.

[6] 中国营养学会．食物与健康——科学证据共识 [M]．北京：人民卫生出版社，2016.

图书在版编目（CIP）数据

孩子爱吃的三餐 / 刘长伟编著 . -- 南京 : 江苏凤凰科学技术出版社，2018.10
（汉竹 • 亲亲乐读系列）
ISBN 978-7-5537-9642-0

Ⅰ. ①孩… Ⅱ. ①刘… Ⅲ. ①儿童－保健－食谱 Ⅳ. ① TS972.162

中国版本图书馆 CIP 数据核字 (2018) 第 207546 号

孩子爱吃的三餐

编　　著　刘长伟
责任编辑　刘玉锋
特邀编辑　陈　岑
责任校对　郝慧华
责任监制　曹叶平　方　晨

出版发行　江苏凤凰科学技术出版社
出版社地址　南京市湖南路 1 号 A 楼，邮编：210009
出版社网址　http://www.pspress.cn
印　　刷　南京精艺印刷有限公司

开　　本　720 mm × 1 000 mm　1/16
印　　张　15
字　　数　300 000
版　　次　2018 年 10 月第 1 版
印　　次　2018 年 10 月第 1 次印刷

标准书号　ISBN 978-7-5537-9642-0
定　　价　49.80 元